乡村振兴知识百问系列丛书

乡村振兴战略·
畜牧业兴旺

河南农业大学　组编
付　彤　田亚东　主编

中国农业出版社
北　京

《乡村振兴知识百问系列丛书》编委会

《乡村振兴战略·畜牧业兴旺》编委会

主　编　付　彤　田亚东

副主编　乔瑞敏　黄宗梅　耿　娟

编　者　廉红霞　郭　凯　唐梦琪　刘丹丹　寇宇斐

发挥高等农业院校优势　助力乡村振兴战略

（代序）

实施乡村振兴战略是党的十九大作出的重大决策部署，是决胜全面建成小康社会、全面建设社会主义现代化国家的重大历史任务。服务乡村振兴战略既是高等农业院校的本质属性使然，是自身办学特色和优势、学科布局的必然，也是时代赋予高等农业院校的历史使命和职责所在。面对这一伟大历史任务，河南农业大学充分发挥自身优势，助力乡村振兴战略，自觉担负起历史使命与责任，2017年11月30日率先成立河南农业大学乡村振兴研究院，探索以大学为依托的乡村振兴新模式，全方位为乡村振兴提供智力支撑和科技支持。

河南农业大学乡村振兴研究院以习近平新时代中国特色社会主义思想为指导，立足河南，面向全国，充分发挥学校科技、教育、人才、平台等综合优势，紧抓这一新时代农业农村发展新机遇，助力乡村振兴，破解“三农”瓶颈问题，促进农业发展、农村繁荣、农民增收。发挥人才培养优势，为乡村振兴战略提供智力支持；发挥科学研究优势，为乡村振兴战略提供科技支撑；发挥社会服务优势，为乡村振兴战略提供服务保障；发挥文化传承与创新优势，为乡村振兴战略提供精神动力。

成为服务乡村振兴战略的新型高端智库、现代农业产业技术创新和推广服务的综合平台、现代农业科技和管理人才的教育培训基地。

为助力乡村振兴战略尽快顺利实施，河南农业大学乡村振兴研究院组织相关行业一线专家，编写了“乡村振兴知识百问系列丛书”，该丛书围绕实施乡村振兴战略的总要求“产业兴旺、生态宜居、乡风文明、治理有效、生活富裕”，分《乡村振兴战略·种植业兴旺》《乡村振兴战略·蔬菜业兴旺》《乡村振兴战略·林果业兴旺》《乡村振兴战略·畜牧业兴旺》《乡村振兴战略·生态宜居篇》《乡村振兴战略·乡风文明和治理有效篇》和《乡村振兴战略·生活富裕篇》7个分册出版，融知识性、资料性和实用性为一体，旨在为相关部门和农业工作者在实施乡村振兴战略中提供思路借鉴和技术服务。

作为以农为优势特色的河南农业大学，必将发挥高等农业院校优势，助力乡村全面振兴，为全面实现农业强、农村美、农民富发挥重要作用、做出更大贡献。

河南农业大学乡村振兴研究院

2018年10月10日

目 | 录

MU LU

第一部分 养殖场规划与建设

YANGZHICHANG GUIHUA YU JIANSHE

1. 兴办养殖场应该做好哪些准备工作？

(1) 确定目标 办养殖场首先要确定目标：①确定养殖何种类型的动物，如水产类（鱼、虾、鳖、黄鳝、泥鳅、贝类等）、水禽类（鹅、鸭等）、一般动物类（猪、马、羊、鸡等）、经济动物类（鹿、狐狸、貂等）、观赏动物等。②确定养殖场规模和生产任务。③要考虑畜禽等产品的销售。④要考虑今后产业的发展前景及可能会遇到的困难与矛盾。

(2) 调查研究 养殖场要按照地方资源分布和国家畜牧生产的布局，根据生产任务和市场需求选择场址。准备建立养殖场之前，第一步就是要进行调研工作。调研内容主要包括：①场址周围的自然条件，如地形地貌、水源水质、地质土壤、环境与气候等条件。②社会条件，如“三通”条件（指供水、供电、交通）、国家有关政策、地方政府的积极性和支持程度、附近群众对该项工作的认可与支持情况、畜禽产品供销情况、社会安全及狼、蛇、虎、豹、野猪、大象侵袭等情况。③生产条件，如卫生防疫、给排水条件、生产安全度等情况。④参观考察，如建鸡场，在建场之前，可到同等规模的鸡场去考察，考察的主要内容是该场的主要生产区、辅助区、生活区、办公区、排污区、隔离带及消毒防疫等情况，借鉴同类型养殖场成功经验，尽量克服该场的不足或不利因素，避免或减少失误。

(3) 办理相关手续 首先要取得养殖用地许可。依照国家相关规定，填报《养殖用地备案申报表》，依次征得当地村委会、土管所、乡镇政府、县农业（畜牧主管）部门、国土资源部门的同意，办理养殖用地备案登记。

依照国务院《畜禽规模养殖污染防治条例》的规定，新建畜禽养殖场，要向县环境保护主管部门申报，并进行环境影响评价。对环境可能造成重大影响的大型畜禽养殖场，要编制环境影响报告书，其他畜禽养殖场填报环境影响登记表。

依照《中华人民共和国畜牧法》《中华人民共和国动物防疫法》和各地制定的畜禽养殖管理办法等有关规定，达到养殖规模标准的，要向县、乡畜牧兽医主管部门分别申请养殖备案登记和《动物防疫条件合格证》；如果从事种畜禽生产还需向县级以上畜牧兽医行政主管部门申领《种畜禽生产经营许可证》。

需要办理工商登记的，凭《动物防疫条件合格证》，再向工商行政管理部门申请办理登记注册手续。

2. 养殖场选址应注意哪几方面问题？

(1) 土地性质 符合当地政府对畜禽养殖业“三区（禁养区、限养区、可养区）划定”的总体要求。必须选在可养区内，不得占用基本农田，尽量利用荒山、荒地。养殖场征地面积，要考虑到场子今后的发展余地。

(2) 周边环境 方便养殖场的粪污处理、消化、利用。养殖场周边最好有消纳畜禽粪污的农田、果园、菜园、茶园或花卉苗木基地等；有条件的尽量采取“畜-沼-果（稻、菜等）”生态种养模式，实现粪污“零排放”。原则上按每 667 米^2（农田、果园）5 头猪（1 头牛、15 只羊、200 只禽）的标准配套规划建设。

(3) 地势选择 地势是指场地的高低起伏状况，地形是指场地的形态范围以及地物——山岭、河流、道路、草地、树林、居民点等相对平面位置状况。场址一般选择地势稍高一些、干燥平坦、排水良好和背风向阳的地方（猪、鸡、牛、羊等）。水禽场址应选择水源充足、水质良好、有流动水源的地方，水禽类房舍应坐北向南或向东南，地势应略高，以利于排水，坡度一般不宜太大。平原地区一般场址比较平坦、开阔，场址选择地段要在较高的地方，以利于排水，地下水位要低，以低于建筑场地基深度 0.5 米以下为宜。在靠近河流、湖泊的地区，场址要选择在较高的地方，以防涨水时被水淹没。山区建场应选在稍平缓坡上，坡度不超过25°，坡面向阳。断层、滑坡、塌方的地段不宜建场，还要注意避开坡底和谷地以及风口，以免受山洪、暴风雪及泥石流的袭击。拟选场址时要实地勘察和测量，并绘草图，标明地势地形作为场址选择和总平面布置或设计参考。

(4) 气候选择 主要指与养殖场建筑设计有关和形成小气候有关的气象条件，如气温、风力、风向、风频及灾害性天气情况。养殖场风向及附近有无重工业、化工业、制药业、制草业、造纸厂等有毒有害气体的排放等。在选址时要查找拟建地区常年气象变化情况，如气温、绝对最高温度、最低温度、土壤冻结深度、降水量与积雪深度、最大风力、常年主导风向、日照等。搜集了解以上情况为养殖场选址及其建筑设计提供依据。

(5) 水源选择 水是生命之源，是养殖场日常生活与生产必不可少的物质。水源有无污染、水质好坏，直接影响到养殖业生产，是关系到事业成败的关键一环。因此，对水源的认识与选择显得十分重要。地表水源的选择分三种：①选择自来水作为养殖场水源，确保干净、卫生的水源，但成本较高。②选择地表水源（如水库、河流、水塘、小溪等）作为养殖场的水源比较经济，可以降低养殖成本。但要注意养殖场的上游有无污染源，水源有没有被污染的可能。如轻度污染水源经过适当处理能不能作为养殖场的水源使用。③选择地下水源作为养殖场生活与生产用水，首先要察看上游或附近有无排放有毒有害物质的工厂；其次要搜集当地水文资料，地下水源是否充足，打井抽水能否满足养殖场的需要；再次要了解当地的地下水中的重金属或有毒有害矿物质（汞、砷、铅、铬等）是否超标，人畜能否使用。水禽类要在水中生活及配种。水禽类场址应选择在河流、水塘、湖泊或沟溪的附近，以流动的、无污染的水源最为理想。

(6) 防疫选择 拟建养殖场场地的环境及附近的兽医防疫条件十分重要，是直接影响养殖业成败的关键因素之一。养殖场场址要距离居民区、集市500米以上，距离铁路、交通要道、车辆来往频繁的地方要在500米以上，距离次级公路或乡村公路应在300～400米。常年上风向不能有屠宰厂、皮革厂、制药厂、骨粉厂、化工厂等废水废气排放源。因为这些工厂的原料及其副产品很可能带有各种传染病菌或病毒、易污染水源、传播疾病。有条件的要在场址周围挖沟灌水建立防疫隔离带，在山区可用竹木围栏建立防疫隔离带。养殖场的空气要流通、清新而无贼风。

(7) 交通选择 养殖场场址应选择离公路、水路、铁路不远的地方。太远了交通不便，生产成本加大；太近了不利于疾病防控，影响生产。养殖场场址以市镇近郊为宜，以一日往返2次以上的汽车行车距离为度。这样的距离给以后工作带来很多便利条件，如工作人员进城镇办事不要留宿城里，运送畜禽产品和饲料等较为方便，节约生产成本开支。交通选择总的原则是：既要防控疾病传播，又要便于运送产品和饲料，降低运输费用，节约生产成本。

3. 养殖场布局有哪些基本要求?

养殖场的规划布局就是根据拟建场地的环境条件，科学确定建设各类建筑物的数量和相对位置，以及对将来养殖场拓展扩建的预留设计。布局是否合理，关系到养殖场今后正常组织生产，降低劳动生产成本，增加经济效益等的一系列问题。其规划的最终目的是要满足动物卫生防疫条件，降低建场投资，方便生产管理，提高劳动生产效率和养殖经济效益。

(1) 规划布局原则 合理利用地形、风向和光照，有效利用土地，分区规划布局，为畜禽创造适宜的环境，充分发挥畜禽的生产潜力；有利于兽医卫生制度的执行，防止和减少疫病发生。

规划布局要符合生产工艺要求，保证生产的顺利进行和各项技术措施的实施。各类建筑物的布局和建设必须与本场生产工艺相结合，否则必将给生产造成不便，甚至使生产无法进行。

合理确定各类建筑物的数量和位置，做到方便生产管理，有效发挥各类建筑物的作用，有利于整体工作效率的提高。

因地制宜，就地取材，尽量降低工程造价和设备投资。

（2）具体布局安排 规模畜禽养殖场根据生产功能，一般分成4个功能区，即生活区、管理区、生产区、隔离区。按照标准化规模养殖场建设标准，在总体布局上要做到生产区与生活区分开，净道与污道分开，净水与污水分流，健康畜禽与病畜禽分开。具体要求如下。

生活区 生活区是指职工文化娱乐、食宿区，应设在主风方向的上风位置和地势较高的地段，以免养殖场产生的不良气味、噪声、粪尿及污水污染环境，不至于因风向和地面径流污染生活环境和造成人畜疾病的相互传染。

管理区 管理区是养殖场进行经营管理与社会联系的场所，包括办公用房、车棚、车库等，除饲料库外，其他仓库亦应设在管理区。该区的位置应靠近大门，并与生产区分开，外来人员及车辆只能在管理区活动，严禁进入生产区。

生产区 生产区是畜禽生活和生产的场所，该区的主要建筑为各类畜禽舍和料库及饲料加工房等。生产区应位于全场中心地带，地势应低于生活区和管理区，并在其下风向，但要高于隔离区，并在其上风向。生产区大门口设立门卫传达室、消毒室、更衣室和车辆消毒池，严禁非生产人员出入生产区，出入人员和车辆必须经消毒室或消毒池进行消毒。

饲料库和饲料加工房可以建在与生产区围墙同一平行线上，要同时兼顾饲料由场外运入料库和由饲料库运到畜禽舍两个环节，便于车辆运送，缩短运输距离，减轻劳动强度。

各类畜禽舍的排列应做到紧凑整齐，并符合设定的生产工艺流程程序。根据各类畜禽群的生物特性和生产利用特点安排各类畜禽舍的毗邻建设，方便生产管理。畜禽舍间距要合理，间距过小，影响通风和采光，造成病原在畜禽舍间传播；间距过大又造成土地浪费，降低土地使用效率。畜禽舍间距应不小于畜禽舍檐高的3～5倍，适宜的间距为10～12米。

隔离区 隔离区是用来隔离和处理患病畜禽的场所。为了防止疫病传播和蔓延，该区应在生产区的下风向，并在地势最低处，而且应远离生产区。隔离舍尽可能与外界隔绝。该区四周应有自然的或人工的隔离屏障，设单独的道路与出入口。

场区道路 养殖场的净道和污道应分别设置，且不能交叉。净道供饲养管理人员、清洁的设备用具、饲料和畜禽运输使用，污道供清粪、污浊的设备用具、病死和淘汰畜禽使用。

排水沟 养殖场的排水沟按污水沟和净水沟进行区分，各自形成独立的系统。在生产实践中，净水沟多采用明沟排放，用于排放雨水。污水沟多采用暗沟排放方式，把污水排入沉淀池或沼气池，进行无害化处理，实现达标排放，减少对环境的污染。

储粪场 储粪场是畜禽粪便临时堆放、晾晒和发酵的场所，位于养殖场的下风向。储粪场上面应加顶棚，防止雨水浇淋，下面要进行防渗处理，避免污染土壤和地下水源。

4. 养殖场如何进行环境影响评价？

环境影响评价是环境管理的重要环节，其作用主要体现为两个方面，一是为环保行政主管部门审批（或审查）项目（或规划）提供技术依据；二是作为环保竣工验收的重要依据。实践证明，在我国国民经济建设过程中，环境影响评价制度在保护生态环境方面发挥了重要的积极作用。

畜禽养殖场的特征大气污染物主要为恶臭污染物，主要源于粪污。饲料中部分未被吸收的碳水化合物和蛋白质进入畜禽粪便，在有氧条件下，两类物质会分解为CO、水和无机盐类；在厌氧条件下，分解物中含有大量恶臭气体，这些恶臭成分包括挥发性脂肪酸、醇类、酚类、酸类、醛类、酮类、胺类、硫醇类以及含氮杂环化合物等9类有机化合物和氨、硫化氢两种无机物。环境影响评价中一般以氨、硫化氢和臭气浓度作为评价因子，其中臭气浓度为恶臭污染物综合评价指标，为无量纲指标。

规模化养殖场恶臭源主要包括畜舍和粪污处理区，但畜舍占养殖场面积的比例大，且畜舍与粪污处理区之间不断有粪污运移过程，因此环评工作中将整个养殖场作为一个面源进行考虑。

恶臭污染物达标排放是论证畜禽养殖业项目环境可行性的重要依据之一，是评价重点之一。2001年我国颁布了畜禽养殖业污染物排放标准，此后，部分省（自治区、直辖市）也颁布了畜禽养殖业污染物排放标准。行业标准中均只规定了臭气浓度指标的养殖场场区边界标准值，恶臭污染物综合排放标准规定了氨和硫化氢指标的养殖场场区边界准限值。我国制定了对畜禽养殖场恶臭污染物达标排放依据的标准，包括地方标准和国家标准。根据标准执行顺序规定，地方标准优先于国家标准执行，行业标准优先于综合标准执行。因此，恶臭污染物达标排放的控制标准应该优先采用地方颁布的行业标准（如DB 37/534—2005、DB 33/593—2005、DB 44/613—2009），其次为国家行业排放标准（GB 18596—2001），再次为地方综合排放标准（如DB 121059—95），最后为国家综合排放标准（GB 14554—93）。

5. 猪场建设应该注意哪些主要问题？

规模化猪场和传统养猪场的工艺流程有较大区别，在猪场规划设计时应注意以下问题：

（1）场址选择 涉及面积、地势、水源、防疫、交通、电源、排污与环保等诸多方面，需事先勘察，周密计划，才能选好场址。①水源。水源是选场址的先决条件。一是水源要充足，包括人畜用水；二是水质要符合饮用水标准。②环保。猪场周围有农田、果园，并便于自流，可就地消纳粪水是最理想的。否则需把排污处理和环境保护做重要问题规划，特别是不能污染地下水和地上水源、河流。③面积与地势。计算建场所需占地面积时需综合考虑生产、管理和生活区，并留有余地。地势宜高、开阔、背风、向阳。地势高，则场地干燥，排水畅通；地势开阔，通风换气好，不会造成舍内温度过大，而且空气新鲜；背风向阳，在冬季可减少西北风的侵袭，能尽量利用太阳能量取暖，利于圈舍保温。④防疫。距居民区至少 2 千米以上，既要考虑猪场本身防疫，又要考虑猪场对居民区的影响，距主要交通干线公路、铁路要尽量远一些。与其他牧场之间也要保持一定距离。⑤供电。距电源近，节省输变电开支。供电稳定，少停电。⑥交通。既要避开交通主干道，又要便于运输饲料、猪只产品和物资。

（2）总体布局 包括生产区、生产辅助区、管理与生活区。①生产区包括各种猪舍、消毒室、药房、出猪台、值班室、粪污处理区等。②生产辅助区包括饲料厂及仓库、水塔等。③管理与生活区包括办公、食堂、职工宿舍等。管理与生活区应建在高处、上风处，生产辅助区要按照有利防疫和便于与生产区配合来布置。

（3）猪舍规划 需根据生产管理工艺流程进行。根据生产管理工艺确定各类猪栏数量，计算各类猪舍栋数。根据各类猪栏的规格及排粪沟、走道等的规格，计算出各类猪舍的建筑尺寸和需要的栋数。为管理方便，应以分娩舍为中心，保育舍靠近分娩舍，育成舍靠近保育舍，育肥舍再挨着育成舍，妊娠（配种）舍也应靠近分娩舍。猪舍之间的间距，没有规定标准，需考虑防火、走车、通风的需要，结合具体场地确定（10～20 米）。猪舍内部规划需根据生产工艺流程决定，如，是否考虑批次生产等。

6. 肉鸡场建设应该注意哪些主要问题？

(1) 鸡舍建筑的选择　鸡舍是肉鸡生产的重要组成成分，是鸡群采食、饮水、运动和栖息的生活场所。大中型肉鸡场在设计和建造鸡舍时，应注意保温隔热、通风采光、防潮以及便于生产操作和消毒防疫等性能。目前鸡舍的建筑类型较多，按建筑结构和性能不同，可分为开放式和密闭式两大类。前者包括侧壁敞开式和有窗式鸡舍两种，可利用自然通风和采光，但舍内环境易受外界因素的影响，是当前国内比较普遍的一种鸡舍形式。密闭式鸡舍又称无窗鸡舍，由于与外界相对封闭，具有隔温和遮光功能，可调节和控制舍内环境，比开放式鸡舍有更大的优越性。但因造价高，基础设施投资大，且对机械和电力依赖性大，生产成本相对较高。

(2) 肉鸡养鸡大棚的修建　养鸡大棚在外形上类似于蔬菜大棚，鸡舍通常坐北向南，跨度一般为 8～10 米，东、北、西三面有高约 15 米的砖墙围护，墙壁较厚，墙上安装较多的窗户。鸡舍南壁开放，由间距相等的大木窗和壁垛连成，木窗上覆有半透明的塑料膜，既可保温又可通风。鸡舍的顶部多为单坡式的，用较长的竹竿和粗铁丝构成一个平面支架，再在支架上覆盖一层或两层塑料膜，上盖草苫或夹入麦秸作为隔热层。鸡舍内有数量不等的壁垛支撑整个鸡舍的顶部。这种棚舍造价较低，能够利用自然光照和自然通风。缺点是保温隔热的能力较差，在注意保持舍温相对稳定的同时，要注意通风，防止潮湿和有害气体浓度过高。

(3) 集约化肉鸡舍的修建　集约化鸡舍是大、中型商品肉鸡饲养场通常采用的一种鸡舍形式，鸡舍的建筑结构一般是简易节能开放式自然通风鸡舍。鸡舍的南北两侧壁上半部为敞开的窗子，上部为钢筋混凝结构平顶屋面，屋面上留有间距相等的排气孔。在工艺上，鸡舍跨度为12米，高度4～4.5米，每间3米，鸡舍的长度一般在50米以上。这种鸡舍主要是自然通风和横向通风方式，由于跨度较大，通常在鸡舍内安装吊扇，使自然通风与机械通风相配合。

（4）肉鸡饲养量与鸡舍面积间的关系 肉用仔鸡较适于高密度饲养，饲养量的大小取决于鸡舍的有效饲养面积和合适的饲养密度。但在实际生产中，饲养量的大小受到多方面因素的制约。首先是饲养人员的数量，其次是饲料供应能力和雏鸡来源，再就是鸡舍的面积。在前两者没有问题的情况下，饲养量的大小决定于鸡舍的面积。一栋鸡舍的有效饲养面积确定了，饲养量也就确定了。假设一个养鸡专业户要建一栋批饲养量为5 000只肉仔鸡的鸡舍，按56日龄每平方米饲养10只计算，需500米^2。将安置饮水器、料桶及供暖设备的面积计算在内，则增加10%的面积（即50米^2）即可。在建筑设计上，为方便饲养管理，每栋鸡舍还配备连在一起的一个观察室和一个工具、饲料贮备室，这样又要增加30～50米^{2}就是说，建造一栋饲养量为5 000只肉仔鸡的鸡舍，需要的建筑面积应在580～600米^2。如果鸡舍内部宽度为11米，修建54米长的鸡舍即可满足需要。

（5）肉鸡舍选择和安装通风设备 鸡舍的通风分机械通风和自然通风两种。在设计通风系统时，不仅要考虑肉鸡的饲养密度和当地最高气温，而且要注意通风均匀，应参考每只鸡的换气标准量与饲养只数，计算出需要的换气量，然后根据待安装的风机性能算出应配备的风机台数。

自然通风则使用窗口，在自然风力和温差的作用下进行，窗口总面积（在华北地区）一般为建筑面积的1/3左右。为了鸡舍内通风均匀，窗口应对称且均匀分布。为了调节通风量，还可把窗子做成上下两排，根据通风量要求开关部分窗户，既可利用自然风力，又利用温差的通风作用。而在冬季，为了不让冷风直接吹到鸡上，还可安装挡风板，使风速减低后均匀进入鸡舍。比较理想的窗户结构分为三层装置，内层为铁丝网，有利于防止野鸟类入舍和防止兽害等，中间是玻璃窗框架，外层是塑料薄膜主要用于冬季保温。

机械通风是密闭式鸡舍、肉鸡高密度、大群饲养条件下调节舍内环境状况的主要方法，通风与控温、控湿、除尘及调节空气成分密切相关。当代肉鸡密闭式鸡舍的机械通风方式主要包括两种，即横向式通风和纵向式通风，这两种通风方式各有利弊，在鸡舍设计中可根据具体实际选用适宜的方式。

横向式通风 当鸡舍长度较短跨度不超过 10 米时，多采用横向式通风。横向式通风主要有正压系统和负压系统两种设计。所谓正压通风系统是靠风机将外界新鲜空气吸入舍内，使舍内空气因气压增大又自行由排气口排出舍外的气体交换方式，该系统虽然可调节舍内温度，改善舍内空气分布状况，减少舍内贼风等，但因其具有设备成本高，费用大，安装难度大，适用范围较窄等缺点，故在生产实践中，使用较少。

应用比较普遍的是负压通风系统，横向式负压通风系统设计安装方式较多，较广为采用的主要是穿透式通风。穿透式通风是指将风机安装在侧墙上，在风机对侧墙壁的对应部位设进风口，新鲜空气从进风口流入后，穿过鸡舍的横径，排出舍外。此通风设计要求排风量稍大于进气量，使舍内气压稍低于舍外气压，有利于舍外新鲜空气在该负压影响下，自动流进鸡舍。一般的空气流速夏季为 0.5 米/秒，冬季为 0.1～0.2 米/秒，此可用球式风速计测定。测定了空气流速及通风面积后，便可计算出通风量。通风量（米^3/小时）=3 600×通风面积（米^2）×空气流速（米/秒）。

纵向式通风 当鸡舍长度较长，达 80 米以上，跨度在 10 米以上时，则应采用纵向式通风，这样，既优化了鸡舍通风设计的合理性，降低了安装成本，也可获得较理想的通风效果。纵向式通风是指将风机安装在肉鸡舍的一侧山墙上，在风机的对面山墙或对面山墙的两侧墙壁上设立进风口，使新鲜空气在负压作用下，穿进鸡舍的纵径排出舍外。排风扇长1.25～1.40米，排风机的扇面应与墙面成100°，可增加10%的通风效率，空气流速为2.0～2.2米/秒，每台风机的间距以2.5～3.0米为宜。在夏季高温时节，为使鸡舍有效降温，通常需在进风口安装湿帘，即湿帘降温。有关通风量的计算请参见横向式通风系统。因鸡舍纵向式通风系统具有设计安装简单，成本较低，通风和降温效果良好等优点，在当代养鸡生产上已广为采用。

(6) 肉鸡舍的简易取暖设备及其设计安装 在商品肉用仔鸡生产中，常用的取暖设备是火炉、火炕等，而保温伞、暖气等较少采用。①火炉是最经济的保温设备，但使用时要注意防火。如果鸡舍保温性能良好，一般15～20米^{2}用一个火炉即可。在距火炉15厘米的周围用铁丝或砖隔离，以防雏鸡进入火炉烧死或与垫料燃烧引起火灾。火炉烟道要根据风向放置，以防烟囱口经常顶风，火炉倒烟。②火炕。在鸡舍内的地面下挖沟，从鸡舍中间一端引向另一端，要求火道有一定坡度，火道始端为垒制火炉，可用燃气、电或木柴方法取暖。为使舍内温度相对均匀，火炉近火端的火道离地面高一些，远火端的火道离地面低一些。也可把火道设置在地面上，从鸡舍中间一端引到另一端，然后拐弯沿前后墙回始端。在火炕地面上铺一层细沙或垫草。如果鸡舍保温性能差，可以在离地面一人高处用塑料薄膜搭成天花板的样子，提高舍内保温效果。

(7) 肉鸡舍的饮水设备的安装 饮水设备要根据鸡的日龄选择，小雏鸡宜用塔形真空饮水器，成鸡可用水盆或水槽等。①塔形真空饮水器。这种饮水器由水筒和水盘两部分组成，水筒的顶部呈锥形，可防止雏鸡站在顶上。圆筒的顶部和侧壁一定不能漏气，底盘的大小要根据鸡的大小来选择，只能让鸡喝到水而不能让鸡站到水中。圆筒的底部开有两个圆孔，孔的位置不能高过圆盘的上边缘，以免水会溢出底盘外。这种饮水器结构较简单，便于清洗和消毒。②吊塔式饮水器。适用于大规模平面饲养，能保持干净的水质。水的供应由饮水器自行调节。上端与自来水管连接。水少时，饮水器轻，弹簧可顶开进水闸门，水流出；当水重量达到限度时，水流停止。③V 形水槽。可用镀锌铁皮、水泥、竹竿等制成。使用时要固定，以防被鸡踏翻。使用这种水槽，饮水时鸡将水甩出，容易将垫料弄湿，且不易洗涮。

(8) 肉鸡舍的喂料设备的安装 喂料设备（料槽）要求既便于鸡只采食，又不能让鸡进入，并防止鸡往料槽里拉粪便。一般用铁皮或木板制作，也可用塑料制品。目前多使用塑料吊桶，结构是一个塑料圆筒和一个中心有向上的锥状突起而周边向上向里弯的圆盘，筒和盘用三根绳系在一起，圆筒内装入饲料后，饲料从筒底流到盘内供鸡采食。料桶用铁丝或尼龙绳吊挂向上，底盘上缘高度与鸡背同高，桶的高度应随鸡的生长不断调节。

(9) 肉鸡舍的照明和垫料设施的安装 饲养肉用鸡一般用普通电灯泡照明，灯泡以 15～40 瓦为宜，后期使用 15 瓦灯泡为好。每 20 米^2 使用一个，灯泡高度以 1.5～2 米为宜。饲养肉鸡需用的垫料，以碎的木刨花为最好，其次是稻壳和麦秸，垫料厚度 5～10 厘米，要求干燥、新鲜、不发霉。

(10) 笼养设备养肉仔鸡 肉仔鸡笼养设备种类很多，一般用金属、喷塑和全塑制成，养鸡专业户小批量饲养也可以用竹木钉制。通常以四层笼较为实用，每个分层高度 30 厘米左右，笼底到承粪板的高度为 7～10 厘米，底层离地面 30～40 厘米，笼体长度 150～300 厘米，宽度为 70 厘米左右。设计网孔时，网孔的总面积要占底网总面积的 45%以上为宜。

7. 蛋鸡场建设应该注意哪些主要问题？

在蛋鸡场规划中，除了要考虑常规的选址布局外，还要考虑鸡舍的类型。常见蛋鸡舍类型可粗略分为开放式和密闭式鸡舍两种。开放式鸡舍一般高 2.7～2.8 米，屋顶吊顶棚，自然通风辅以机械通风，自然采光和人工照明相结合。密闭式鸡舍舍内人工光照，机械负压通风，湿帘降温。结合蛋鸡的饲养模式，进行细则上的生产场区的规划。

常见的养殖模式有三种：①三段式。鸡场生产区内有育雏、育成、产蛋3种鸡舍。育成鸡舍安排在育雏和产蛋鸡舍之间，顺应转群的顺序，便于操作。3种鸡舍要分区建设，留有一定的距离，并注意与饲料库、生活区有适当的距离。在布局方面可划分成小区，以保证后备鸡和商品鸡使用。育成鸡舍应有自己的沐浴、更衣、入口消毒等设施。雏鸡从6～8周龄由雏鸡舍转入育成鸡舍，一直饲养到性成熟再转入产蛋鸡舍。②两段式。育成鸡分别在后备舍或产蛋鸡舍中饲养，不需要专用的育成鸡舍。这种方式越来越多地在根除鸡败血支原体和滑膜囊支原体的方案中被采用，用于种鸡比商品鸡更有意义，减少了1次转群，可减少应激。③一段式。从1日龄开始直至产蛋结束在同一鸡舍内完成，这种方式多应用于种鸡地面、网上或板条饲养。

此外，在蛋鸡场的规划中，要充分结合蛋鸡的生产特点对其饲养环境进行良好的控制。无论何种禽舍类型，禽舍内部的温热环境控制都十分重要。维持适宜温热环境的措施如下：

禽舍结构 环境控制禽舍里适合于环境温度31 ℃以上时的温度控制。环境控制禽舍墙壁的隔热标准要求较高，尤其是屋顶的隔热性能要求较高。禽舍外墙和屋顶涂成白色或覆盖其他反射热量的物质利于降温。较大的屋檐不仅能防雨而且提供阴凉，对开放式禽舍的防暑降温很有用处。

通风 通风对任何条件下的家禽都有益处，它可以将污浊的空气和水汽排出，同时补充新鲜空气，而且一定的风速可以降低禽舍的温度。风速达到30米/分钟，鸡舍可降温1.7 ℃，风速达到152米/分钟，可降温5.6 ℃。封闭禽舍必须安装机械通风设备，以提供适当的空气流动，并通过对流进行降温。

蒸发降温 在低湿度条件下使用水蒸发方式降低空气温度很

有效，这种方法主要通过湿帘风机降温系统实现。空气通过湿帘温度虽然能够降低，但是水蒸气和湿度也会增加，因而湿帘温度下降有限。蒸发降温主要有以下几种方法：房舍外喷水，以降低进入禽舍空气的温度；利用湿帘风机降温系统，使空气通过湿帘进入禽舍；舍内低压或高压喷雾系统，形成均匀分布的水蒸气。

禽舍加温　在高纬度地区冬季为了提高鸡舍的温度，需要给鸡舍提供热源。热源的方式有热风炉、暖气、电热育雏伞、地坑、火炉等多种形式。

调整饲养密度和足够饮水　减少单位面积的存栏数，能降低环境温度；提供足够的饮水器和尽可能凉的饮水，也是简单实用的降温方法。

8. 肉羊场建设应该注意哪些主要问题?

(1) 羊舍建设　修建羊舍的目的是为了给其创造适宜的生活环境，保障羊的健康和生产的正常运行。为满足肉羊的标准化饲养要求，在进行羊舍设计和建设时，必须遵循以下原则：

羊舍的空间　羊舍应有足够的空间，使肉羊能够充分活动，其面积依肉羊性别、年龄、数量等的不同而有所差异，一般以冬季防寒、夏季防暑、防潮、通风和便于管理为原则。面积过小，舍内空气不畅、潮湿污秽、羊群拥挤，有碍羊群健康，同时也不便于管理；面积过大，则会造成浪费，更不利于冬季保温。

羊舍的高度应根据羊的数量和羊舍的类型而定。数量多，羊群大，羊舍可适当高些，以保证空气流畅，但过高则不利于保温。寒冷地区一般墙高 2.4～2.6 米，而热带地区一般为 2.8～3 米。

羊舍的门窗与采光效果　羊舍门窗的高度和面积不仅影响防寒防暑，而且影响通风与采光效果。一般要求羊舍门窗朝阳，门宽 2.2～3.0 米，高 1.8～2.0 米；窗高 0.5～1 米，窗台距地面的高度为 1～1.2 米，窗户面积应占地面面积的 1/12 或 1/10；成年羊羊舍的窗户面积占的比例大些，产羔室则要小些。窗户的分布及间距要均匀，以保证有良好的通风和采光效果。羊舍内的地面一般以土地面为宜，且高出舍外地面 20～30 厘米，以防雨水倒灌入舍。

运动场 羊舍紧靠出入口应设有运动场。运动场也应要求地势高且干燥，排水良好。运动场的面积可视羊只数量而定，一般为羊舍面积的两倍，以能够保证羊只的充分活动为原则。

（2）设施建设 羊场生产区内的设施建设包括：羊舍内及运动场内的饲槽，为羔羊采食使用的补饲栏，以及为了防治疥癣及其他体外寄生虫而定期给羊群进行药浴用的药浴池等。当然，在进行所有这些设施建设时，也必须符合标准化养羊的标准。

饲槽 羊是草食类动物；因此，过去人们养羊多以牧羊为主。而近年来，为了保护自然生态环境，我国政府施行“退牧还草”政策，提倡舍饲。饲养无公害肉羊，就必须在羊舍内和运动场内建有用于舍饲的饲槽。

饲槽通常由砖和混凝土砌成。羊舍内的饲槽，槽体高为 23 厘米，内径宽为 13 厘米，深 14 厘米。运动场内的饲槽，除槽体的高度略高些外，其他要求与羊舍内并无区别。槽壁应用水泥沙浆抹光，前面应有一钢筋隔栏，以防止羊跳入饲槽内。槽长依羊只数量而定，一般可按大羊 30 厘米、羔羊 20 厘米计算。

补饲栏 在育羔羊舍，由于是母羊与羔羊混养，在进食时，往往母羊挤占饲槽而使得羔羊无法接近饲槽进食；这样很容易使羔羊因吃不到饲料或吃不饱肚子，而影响正常的生长。因而，为了保证羔羊的正常进食，必须建有专为羔羊进食的补饲栏。补饲栏应保证母羊无法进入而与羔羊抢食，羔羊则可自由进入采食。

药浴池 药浴池一般用水泥筑成，形状为长沟状。池深为 1 米，长约 10 米左右，宽为 60～100 厘米，以一只羊能通过却又无法转身为宜。入口一端呈陡坡，出口一端筑有台阶。入口处设有围栏，以便羊群在此等候入浴；而在出口处设滴流台，羊出浴后在此停留一段时间，使身上的药液滴落到地上。

9. 肉牛场建设应该注意哪些主要问题？

（1）牛舍类型与朝向 牛舍采用砖混结构或钢架结构建造，按照开放程度可分为开放式、半开放式和全封闭式三种。开放式牛舍较简易，四周敞开，不利于环境控制，此型牛舍适用于炎热和温暖的地区。半开放式牛舍四周有部分墙体，冬季可用卷帘遮挡保温。全封闭式牛舍有完整的墙体，可人为调节牛舍温、湿度，但其建筑成本高，适用于寒冷的地区。

牛舍按屋顶结构可分为单坡式、双坡式、钟楼式和半钟楼式。根据舍内牛的排列方式可分为单列式、双列式及多列式牛舍，其中双列式牛舍依牛的站立方向又分为牛头相对的对头式和牛尾相对的对尾式。

牛舍以朝南为宜，其在冬季利于太阳照射，夏季又能减少太阳辐射。不同地区可根据实际地形调整，以达最佳方位。

（2）牛舍基本结构

地基与墙体 温暖地区牛舍墙基深50厘米，18～24砖墙。牛舍跨度10～12米，檐高3.0～3.5米（钟楼式上檐高4.5～5.0米，顶高5.5～6.0米），脊高4～4.5米，长度以65米为宜。牛舍内墙下部设墙围，防止水汽渗入墙体。牛舍地面要坚实防滑，易冲刷，可为混凝土地面、砖铺地面、三合土地面、漏缝地板，一般混凝土地面使用最多。地面应朝粪沟适当倾斜。

门窗 门高2.0～2.2米，宽2～2.5米，不设门槛，双扇门，向外开，高寒地区设计成保温推拉门或双开门，也可设计成上下翻卷门。封闭式牛舍窗高1.5米，宽1.5米，窗台距地面1.2～1.4米。温暖地区半开放式或开放式牛舍可用卷帘门窗，以增加通风和采光。

屋顶　常用钟楼式、半钟楼式和双坡式屋顶。钟楼式、半钟楼式适用于大跨度牛舍，有利于通风、采光，防暑效果较好，但其结构复杂，造价较高，且不利于防寒保温，较适合于炎热的南方地区。双坡式屋顶使用较为普遍，可应用于育肥舍、育成舍，其易修建，较经济，通风性、保温性好，双坡式屋顶适用于双列式和多列式牛舍，修建此类牛舍最好在屋脊上安装无动力通风器。建造屋顶的材料要求坚固结实，具有保温、隔热和防火的功能，一般为夹心彩钢坡屋顶。

牛床与饲槽　肉牛多采用群饲通槽饲喂。拴系式饲喂牛舍要建牛床，育肥舍牛床长 1.8～2.0 米，宽 1.1～1.2 米，育成牛舍牛床长 1.5～1.8 米，宽 0.95～1.1 米。牛床过长会导致粪便落在牛床上，牛床过短影响牛只起卧，牛床过宽不利于冬季保温，牛床过窄不利于夏季散热。牛床应前高后低，向粪沟一侧有一定坡度。牛床要坚固耐用、保温、防滑、不吸水。饲槽设在牛床前面，常用固定式水泥饲槽，其上宽 60～70 厘米，底宽 35～45 厘米，底部呈弧形，槽内缘高 35 厘米（靠牛床一侧），外缘高45～60 厘米（靠走道一侧），槽边缘厚 7～8 厘米。饲槽底部向一端适当倾斜，低端安装地漏排水。饲槽应坚固耐磨，边缘光滑，易于清洗。饲槽外缘上方，两头牛的中间安装饮水碗，高度约 70 厘米。在牛床前端靠饲槽内缘设置颈枷或拴系栏杆，柱式颈枷柱距 18～25 厘米（柱距根据牛体重可调），柱高 145 厘米，一般用直径 40～50 毫米的镀锌钢管焊制，要求栏柱轻便、坚固、光滑。牛床两边设隔栏，用钢管焊制，其高 145 厘米，长度比牛床短 35 厘米。

运动场　育成牛舍在两栋牛舍之间建运动场（育肥牛舍可不建运动场），运动场与牛舍等长，按 6～8 米^2/头设计，地面用砖或三合土铺成，中间向两边倾斜，三面设排水沟，向清粪通道一侧倾斜。运动场周围设 1.5 米高的围栏，围栏为水泥柱或直径

100 毫米的镀锌钢管，边框和栏条为直径 50 毫米的镀锌钢管，其余采用直径 20 毫米的镀锌钢管，栏条间距 50 厘米，要求结实。运动场内要搭建凉棚，设水槽，水槽上宽 60 厘米，下宽 40 厘米，槽高 40～70 厘米，每头牛有 20 厘米槽位。

通道与粪尿沟 对头式双列牛舍的通道宽度以送料车能通过为度。人工推车饲喂，中间通道宽度 1.2～1.5 米（不含饲槽），沿饲槽两侧设排水沟。全混合日粮（TMR）车饲喂，采用道槽合一饲槽（即建高通道、低槽位，槽外缘与通道在同一水平面上），道宽 4 米（含饲槽）。粪沟宽 25～30 厘米，深 10～15 厘米，向排污口适当倾斜。粪沟与舍墙间设清粪通道，宽度 1.0～1.2 米。

（3）牛场附属设施

防疫与消防设施 标准化牛场应有完善的防疫设施，场区门卫室对侧设人员消毒、更衣室，采用雾化消毒设备进行消毒。场区大门入口设消毒池，其与门同宽，长 4 米以上，深 0.2～0.3 米以上。生产区入口设人员淋浴室和消毒、更衣室，采用雾化消毒设备进行消毒。标准化牛场还应有可靠的消防设施，在重点场所配备灭火器、消防栓等，消防通道与场外公路相通。

道路与绿化 场内设净道和污道，两者严格分开。道路为混凝土路面，宽 3.5 米，厚 15～20 厘米，转弯半径不小于 8 米，道路上空 4 米的高度无障碍物。场区道路两侧、牛舍之间可种植美化环境、净化空气的树木、花草，但不宜种植有毒、带刺和有飞絮的植物。

饲料库 饲料库位于辅助生产区，包括青贮池、干草库、精料和饲料加工调制车间，加工车间的出料口面向生产区。此区域要注意防火，并保持干燥、洁净。青贮池一般位于辅助生产区的一角，采用地面青贮或半地下青贮方式，其为三方砖壁结构，一方敞开，便于装填和取料，一般高 2.5～4 米，长 2 米以上，宽 2～3 米。青贮饲料的储备量按每头牛 20 千克/天计算，总贮量应当满足牛只6～7个月的需要，干草的储备量按每头牛5～8千克/天计算，总贮量应当满足3--6个月需要，精饲料储备量按规定估算，应当满足1～2个月需要。

粪污处理设施 牛场应实行雨污分流，场内积雨排入沟渠，污水流入沼气池发酵，或经设施处理达标后排放，干粪运至贮粪棚集中发酵，病死牛投入化尸池，作无害化处理。贮粪棚、化尸池要防雨、防渗、防溢，化尸池必须密闭，贮粪棚面积按每头育肥牛5～7米^{2}估算。牛场粪尿清理可采用人工清粪、机械清粪和水冲清粪方式。贮粪池设在地势较低处，离饮水井100米以上，包括调节池、沼气池和储存池，其用不透水的材料做成。

其他设施 牛场设施还包括供电、供水、通风、降温和饲料加工设施。供电设施有发电机、配电板、供电线路等，供水设施有机井、水泵、水塔、供水管道、加药桶等，通风降温设施有湿帘、风机、雾化喷头等，饲料加工调制设施有牧草收割机、铡草机、精饲料粉碎机、秸秆碎揉机、TMR搅拌机等。此外，规模牛场还要配备监控系统、冰箱、兽医器械、机动喷雾机、高压冲洗机、地磅、饲料运输车、粪污清运车、干湿分离机等设备。

10. 奶牛场建设应该注意哪些主要问题？

(1) 牛舍

基础 有足够强度和稳定性，坚固，配置良好的清粪排污系统。

墙壁 要求坚固结实、抗震、防水、防火，具有良好的保温和隔热性能，便于清洗和消毒，采用砖墙并用石灰粉刷。

屋顶 能防雨水、风沙侵入，隔绝太阳辐射。要求质轻、坚固耐用、防水、防火、隔热保温；能抵抗雨雪、强风等外力因素的影响。

地面 要求致密坚实，水泥地面厚度不低于15厘米，不打滑，便于清洗消毒，配置良好的清粪排污系统。

牛床　应有一定的坡度，有一定厚度的垫料，沙土、锯末或碎秸秆可作为垫料，也可使用橡胶垫层。泌乳牛的牛床面积（1.65～1.85）米×（1.10～1.20）米，围产期牛的牛床面积（1.80～2.00）米×（1.20～1.25）米，青年母牛的牛床面积（1.50～1.60）米×1.10 米，育成牛的牛床面积（1.60～1.70）米×1.00 米。犊牛的牛床面积 1.20 米×0.90 米。

门　高、宽均不低于 3.5 米，坐北朝南，东西门对着中央通道，牛舍到运动场的门按每百头成母牛不少于 2～3 个设计、安装。

窗户　能进行良好的通风、换气和采光。窗户面积与舍内地面面积之比，成母牛为 1∶12，小牛为 1∶（10～14）。一般窗户宽为 1.5～3 米，高 1.2～2.4 米，窗台距地面 1.2 米。

牛栏　应采用自由卧栏。自由卧栏的隔栏结构采用悬臂式和带支腿式，原则上使用金属材质悬臂式隔栏。

牛舍类型　泌乳牛舍采用双坡式对头双列、四列、六列式或钟楼、半钟楼式对头双列、四列、六列式。饲料通道、饲槽、颈枷、粪尿沟的尺寸大小符合奶牛生理和生产活动的需要。青年牛、育成牛舍也可采用单坡单列式，根据牛群品种、个体大小及需要来确定牛床、颈枷、通道、粪尿沟、饲槽等的尺寸和规格。犊牛舍采用封闭单列式或双列式；初生至断奶前犊牛宜采用犊牛岛饲养。

通道　连接牛舍、运动场和挤奶厅的通道应畅通，地面不打滑，周围栏杆及其他设施无尖锐突出物。

（2）运动场　泌乳牛的运动场面积每头 20～25 米^2；青年牛的运动场面积应每头 15～20 米^2；育成牛的运动场面积应每头 12～15 米^2；犊牛的运动场面积应每头 8～10 米^2。运动场可按每个区域 50～100 头的规模用围栏分成小的区域。

运动场地面平坦、中央高，向四周方向呈一定的缓坡度状。

运动场周围设有1～1.5米高围栏，栏柱间隔2～3米，可用钢管或水泥桩柱建造，结实耐用。如设有凉棚，面积按每头泌乳牛4～5米^2，青年牛、育成牛3～4米^{2}计算，应为南向，棚顶应隔热防雨。

饮水槽应设在运动场边，按每头牛20厘米计算水槽的长度，槽深60厘米，水深不超过40厘米，冬季可加热，供水充足，保持饮水新鲜、清洁。如果采用连续性自控饮水器，100头牛两个饮水器即可，长3～5米，总长达到20米。

（3）饲料贮存加工

青贮窖 要选择建在排水好，地下水位低，防止倒塌和地下水渗入的地方，要求用水泥等建筑材料制作，密封性好，防止空气进入。墙壁要直而光滑，要有一定深度和斜度，坚固性好。每次使用青贮窖前都要进行清扫、检查、消毒和修补。青贮窖按600～800千克/米^{3}设计容量，保证每头牛不少于10米^3，青贮窖的贮存量要满足奶牛13个月的日粮需要。

草料库 根据饲草饲料原料的供应条件设计，饲草贮存量应满足3～6个月生产需要用量的要求，精饲料的贮存量应满足1～2个月生产用量的要求。

（4）挤奶厅

位置 挤奶厅应建在养殖场（小区）的上风处或中部侧面，距离牛舍50～100米，有专用的运输通道，不可与污道交叉。既便于集中挤奶，又减少污染，奶牛在去挤奶厅的路上可以适当运动，避免运奶车直接进入生产区。

数量 根据奶牛的头数决定建造挤奶厅的个数，按照如下公式计算（并列式）挤奶位数量＝泌乳牛头数/单班挤奶时间/4/2（每天2次挤奶，每次挤奶时间4小时），或采用转盘挤奶方式。

组成 挤奶厅包括挤奶大厅、待挤区、设备室、储奶间、休息室、办公室等。

第二部分 畜禽品种选择与繁育技术

XUQIN PINZHONG XUANZE YU FANYU JISHU

11. 畜禽品种选择应注意哪些问题?

品种是在一定自然和社会经济条件下，经人工选择形成的具有共同来源、并具有稳定遗传的外形和生产性能的生物群体。发展养殖业，选择一个好的品种非常关键。品种是影响生产和效益的内在因素，每个品种都有它的优点和缺点，没有十全十美的品种，实际生产中需要根据市场需求和场区的生产条件进行选择。从品种来源上讲，可将其分为以下几类：

（1）本地品种　本地品种是在一定区域范围内经过长期的自然和人工选择培育而形成的品种，遗传稳定，对当地的自然条件具有很强的适应性，一般表现为：耐粗饲，抗病力强，肉质优良。但个体较小，生长速度慢，饲料报酬低。我国绝大部分的地方畜种资源都具有这些特点。

（2）引入品种　引入品种多是由某国家或地区根据市场需求，按照商业目标，应用遗传育种技术，在一段时间内通过高强度的人工选择培育而成。这类品种的突出特点是：生产性能满足商品化大规模生产需求，追求养殖利益最大化，生长速度快，生产周期短，产肉率高，瘦肉率高，饲料报酬高。但一般不耐粗饲，适应能力不强，抗病力较差。我国引进的品种如安格斯牛、波尔山羊、大约克猪、杜洛克猪、长白猪等均属于这种情况。

（3）培育品种　培育品种是由本地品种和引入品种杂交改良而成的品种。通过杂交改良，使原有的地方品种的生产性能得到提高和优化。培育品种一般直接投入商品生产。培育品种的特点介于地方品种和引入品种之间，既有适应性强、耐粗饲、繁殖性能好、肉质优良的特点，同时又能表现出生长速度快、瘦肉率高、饲料报酬高的特点。

无论选择哪种品种，首先都要了解品种的性能和特点是否能满足养殖场的生产条件和生产目标。如，①生长速度。主要表现为达100千克体重日龄。②繁殖力。繁殖性能主要表现为初情期、排卵数、产仔数、乳头数、泌乳力等。③抗逆性。表现为对环境的适应力及抗病力。④肉质。肌纤维、肌内脂肪含量、口感、嫩度、风味等，引入品种肉质一般不及地方品种好。⑤体型外貌。不同品种畜禽的体型外貌区别很大。这些是选择品种前必须考量的因素。引种时还要特别了解种畜或商品畜生产场的情况，是否具备一定的信用资格，是否已取得《种畜生产经营许可证》，有无种畜档案资料（系谱），畜群是否已进行检疫等。

12. 家畜家禽饲养过程中有哪些繁殖技术?

家畜家禽繁殖技术主要包括人工授精、同期发情、胚胎移植、胚胎分割移植、克隆技术等。其中人工授精技术，是迄今为止应用最广泛并最有成效的繁殖技术。

(1) 人工授精 借助专门的器械，人工采集精液。精液质检后，借由人工输入发情母畜的生殖道内，代替公母畜自然交配，使母畜受胎。人工授精技术可以充分利用优良公畜的繁殖性能，使优良基因得到最大化利用，加快群体遗传改良的速度，同时可减少种畜的饲养量，降低饲养成本。

(2) 胚胎移植 将一头优良母畜的早期胚胎用冲洗子宫的方法取出或者经过体外受精获得，移植到另一头生理状态相同的代孕母畜体内，使其继续发育为新个体的技术。

(3) 克隆技术 克隆技术指的是不经有性生殖而直接获得与亲本具有相同遗传物质的多个后代的技术。

(4) 同期发情 利用激素制剂调整母畜的发情周期，使其在相对集中的时间内发情。正确使用同期发情技术，不仅可以对正在进行繁殖的家畜进行引导，还能够提升家畜的繁殖效率。

(5) 胚胎分割移植技术 胚胎分割移植技术是把动物的胚胎分割开，使其变成多个胚胎，然后植入母畜体内，让母畜怀孕生产。

(6) 妊娠诊断技术 妊娠诊断技术是母畜保胎，减少空怀，增加畜产品和提高繁殖力的重要技术措施。通过早期妊娠检查，可尽早确定母畜是否妊娠并对其加强饲养管理。妊娠诊断技术便于了解和确定配种技术、方法以及适宜的输精时间，提高受胎效果。

13. 家畜性成熟和适宜的初配年龄是多少？

雌性动物的性机能发育一般分为初情期、性成熟期及繁殖机能停止期（停止繁殖的年龄）。初情期是指雌性动物初次发情和排卵的时期。初情期后，随着年龄的增长，生殖器官发育完全，发情周期和排卵趋于正常，具备了正常繁殖后代的能力，此时称为性成熟。家畜性成熟的年龄因家畜种类、品种不同而不同，也与营养水平、饲养管理条件和自然环境等有密切关系。性成熟年龄为：猪 3～8 个月；牛 8～12 个月；羊 6～8 个月。

在生产实践中，考虑到家畜自身的发育状况和经济价值，一般选择在性成熟之后，达到体成熟时再用于繁殖。家畜体成熟的时间一般晚于性成熟时间。刚刚达到性成熟期的家畜，其身体的生长发育一般尚未完成，不宜立即配种。过早怀孕一方面会妨碍雌性动物本身的发育，另一方面也会影响后代的生长发育，导致后代体重小、体质弱或发育不良等。

家畜开始繁殖的年龄称为适配年龄（或繁殖年龄）。适配年龄为：羊 1～1.5 岁；马 2.5～3.0 岁；地方猪 6～8 月龄，外来猪 8～9 月龄；早熟品种公牛 15～18 月龄，母牛 16～18 月龄，晚熟品种公牛 18～20 月龄，母牛 18～22 月龄。

14. 评价繁殖力的指标是什么？

繁殖力是指动物维持正常繁殖技能，生育后代的能力，也是雌雄两性动物的生殖力。对种公畜来说，繁殖力就是生产力，它直接影响生产水平的高低。对公畜而言，繁殖力表现在每次配种能排出一定量而且富有活力精子的精液，能充分发挥其受精的能力，所以也可称为受精力。母畜表现在性成熟的早晚、繁殖周期的长短、每次发情排卵的多少、卵子受精能力的大小及妊娠情况，概括地讲，集中表现在一生或一段时间能繁殖多少后代的能力。

（1）牛的繁殖力指标

• 情期受胎率：指一定情期内妊娠母畜数占配种情期数（配种次数）的百分比，这个指标同样适用于猪和羊。

情期受胎率＝同一个情期内受胎家畜头数/同一个情期内配种家畜头数×100％

• 第一情期受胎率：第一个发情周期的母畜受胎率。

第一情期受胎率＝第一情期受胎母牛数/第一情期配种母牛数×100％

• 总受胎率：妊娠母畜占参加配种母畜数的百分比，反应牛群的受胎情况。

总受胎率＝年受胎母牛数/年配种母牛数×100％

• 繁殖率：实繁母牛数占应繁母牛数的百分比。

繁殖率＝实繁母牛数/应繁母牛数×100％

• 产犊间隔：两次产犊的间隔时间，常用天表示。

• 犊牛成活率：指出生后 3 个月时犊牛成活数占所产活犊牛的比例。

（2）猪的繁殖力指标

• 产仔窝数：一群母猪一年的平均产仔窝数。

产仔窝数＝年内分娩总窝数/年内繁殖母猪数×100％

• 平均窝产仔数：产仔总数与产仔总窝数之比。

• 仔猪成活率：断奶仔猪数与出生活仔数之比，反应母猪哺育仔猪能力。

• PSY：每年每头母猪提供的断奶仔猪数。

PSY＝母猪年产胎次×母猪平均窝产活仔数×哺乳仔猪成活率

• MSY：每年每头母猪提供的出栏肥猪数。

（3）家禽的繁殖力指标

• 产蛋量：一年内平均每天产蛋枚数。

产蛋量＝全年总产蛋量/总饲日/365×100％

• 受精率：中单孵化后，经过第一次照蛋确定的受精蛋数占入孵蛋数的百分比。

• 孵化率：分为受精蛋孵化率和入孵蛋孵化率。指出雏数占受精蛋数或入孵蛋数的百分比。

• 育雏率：成活雏禽数占入舍雏禽数的百分比。

15. 什么是杂交？杂交如何利用？

在畜牧业生产中，杂交是指不同种群（种、品种、品系）的公母畜禽交配。杂交可以将多个品种的优良性状集中在一起，经过选择和培育，用于商品生产，利用方式主要有以下几种：

（1）远缘杂交　远缘杂交指的是不同种、属的公母畜交配，个体间遗传结构差异大，能产生较大的杂交优势。如，马与驴杂交能产生体质强壮、役用性能优于双亲的骡子。

（2）导入杂交　导入杂交指的是以原有品种为主，导入另一品种血缘，用于克服改进原有品种的缺点。一般以导入品种为父本，原有品种为母本，杂交后代再与原有品种回交，最终导入血统一般占25％，最后进行横交固定。导入杂交应注意杂交父本必须与原有品种基本同质。

（3）级进杂交　级进杂交又称改造杂交或吸收杂交。以引入品种为主，对原有品种进行彻底改造。在原有品种性能低下，不能满足生产需要时采用。一般以引入品种的公畜和原有品种的母畜交配，杂交母畜连续与引入品种的不同公畜交配，直到获得理想群体，再进行自群繁育。级进杂交要注意杂交代数，选好引入品种，加强对杂种的培育与选择。

(4) 育成杂交 育成杂交是一种以培育新品种为目的的杂交方法。主要特点是综合利用参与杂交的各个品种的优点，创造出新的类群。育成杂交没有固定的杂交模式。根据育种目标采用两品种杂交，或者多品种交叉杂交等方法，最终育成新品种。

在商品生产中多用两品种杂交和三品种杂交，俗称二元杂交和三元杂交。如，生猪的商品生产，多以杜洛克猪为父本，长白、大白二元杂交猪为母本，三元杂交后，作为商品肉猪出售。

16. 如何制订家畜的配种计划？

家畜配种计划是根据家畜的配种规律，结合企业的生产任务，科学安排家畜配种的方法，是实现畜群再生产和扩大再生产的重要保证，是制订畜群周转计划的依据，也是确定集约化、规模化养殖工艺流程的重要步骤。配种计划的编制，一般包括以下主要步骤，以生猪和奶牛为例。

猪群配种计划编制：①首先根据计划期内的生产任务和经营目标，确定配种任务安排，确定总的配种头数及分娩头数。②掌握猪群的生产状况，包括群体结构、妊娠期、配种分娩率、仔猪断奶日龄、窝产活仔数等生产指标。③收集前期资料，如上年度配种记录，掌握上年度配种母猪的头数和时间，母猪年分娩胎次、时间，每胎母猪的产仔头数和仔猪的成活率，计划出年内预计淘汰的母猪头数和时间，以及年内分娩的母猪头数和时间。④确定本计划期内各阶段的配种、分娩数量和时间。选择公母畜配种时，注意查看公母畜的育种值，公母畜之间的亲缘关系，避免近交，保证仔猪后代质量。同时，还要注意把握最佳配种时机。

奶牛群配种计划编制：①根据市场状况和场区生产任务，确定任务指标和产犊方式，确定总的配种头数及分娩头数。②掌握奶牛群的群体结构，母牛成熟期、每胎产犊牛数及犊牛成活率。③掌握上年度配种记录，已配头数和时间等，推算本年度的分娩时间及母畜淘汰情况。④确定本年度配种及产犊牛数和时间。

17. 生猪有哪些主要品种？

生猪的品种很多，按照经济类型一般可分为瘦肉型、脂肪型和兼用型三种类型。当前规模化养殖多采用瘦肉型猪种，这些猪种均为引进品种，我国引进的猪种主要包括大白猪、长白猪、杜洛克猪、皮特兰猪。实际商品生产过程中，多利用这些猪种进行杂交，生产二元或者三元猪出售。我国生猪市场上的主流瘦肉型猪种，因来源地不同又被分为不同的品系，现今主要包括美系、加系、法系、丹系、台系。美系猪以体型好著称；法系、加系猪因产仔性能好而闻名；丹系猪的繁殖性能较强。

(1) 大白猪 原产于英国，世界著名的瘦肉型猪种之一。主要优点是生长快，饲料利用率高，产仔较多，胴体瘦肉率高。大白猪体格大，耳直立，四肢较长，全身被毛白色。成年公猪体重250～300千克，成年母猪体重230～250千克。出生后6月龄体重可达100千克左右。屠宰率71%～73%，眼肌面积30～37厘米^2，胴体瘦肉率60%～65%，初产母猪产仔数10～11头，经产母猪产仔数11～12头，产活仔数10头以上。

（2）长白猪 原产于丹麦，世界著名瘦肉型猪种之一。主要特点是产仔数较多，生长发育较快，省饲料，胴体瘦肉率高，但抗逆性差，对饲料营养要求较高。长白猪外观头小清秀，颜面平直，耳向前倾平伸略下耷。大腿和整个后躯肌肉丰满。体躯长，有16对肋骨，全身被毛白色。日增重500～800克，每1千克增重消耗配合饲料3千克左右。体重90千克时屠宰，屠宰率为69%～75%，胴体瘦肉率为53%～65%。初产母猪产仔数8～10头，经产母猪产仔数9～13头。

（3）杜洛克猪 原产于美国东北部的新泽西州等地，俗称泽西红或红毛猪。特点：体质健壮，抗逆性强，饲养条件比其他瘦肉型猪要求低。生长速度快，饲料利用率高，胴体瘦肉率高，肉质较好。在杂交利用中一般作为父本。杜洛克全身被毛呈金黄色或棕红色，色泽深浅不一。目前毛色主要有深棕、红棕和金棕，台系杜洛克猪颜色稍深。

两耳中等大，略向前倾，耳尖稍下垂。头小清秀，嘴短直。背腰在生长期呈平直状态，成年后稍呈弓形。胸宽而深，后躯肌肉丰满，四肢粗壮、结实，蹄呈黑色，多直立；在良好的饲养条件下，体重25～100千克阶段，平均日增重700克左右，每千克增重消耗配合饲料2.99千克。在体重100千克屠宰，屠宰率75%，胴体瘦肉率61%，肉色良好，杜洛克猪性成熟较晚。母猪一般在6～7月龄开始第一次发情（体重90～110千克）。产仔数相对不高，初产母猪产仔数9头左

右，经产母猪产仔数10头左右。

(4) 皮特兰猪 产于比利时的布拉邦特省。主要特点是瘦肉率高，后躯和双肩肌肉丰满。毛色呈灰白色并带有不规则的深黑色斑点，偶尔出现少量棕色毛。头部清秀，颜面平直，嘴大且直，双耳略微向前；体躯呈圆柱形，腹部平行于背部，肩部肌肉丰满，背直而宽大。体长1.5～1.6米。在较好的饲养条件下，皮特兰猪日增重750千克左右，每千克增重消耗配合饲料2.5～2.6千克，屠宰率76%，瘦肉率可高达70%；产仔数10头左右，产活仔数9头左右。

我国也有许多优秀的地方品种猪资源，这些品种多属于脂肪型猪种。主要有：东北民猪，抗寒能力强；莱芜猪，我国肌内脂肪含量最高的猪种，肌内脂肪含量高达10%左右；太湖猪，以产仔数高著称；藏猪，生长于青藏高原，抗逆性强；香猪，体型小，是宠物猪的主要来源。

18. 肉鸡有哪些主要品种？

品种是人工选择的产物，它们具有共同来源，有相似的体型外貌和生产性能，适应性也相同，并且能稳定遗传，具有一定的经济价值，一定的结构，并且具有足够的数量。肉鸡品种是专门满足人类对鸡肉蛋白需要的鸡品种，具有生长速度快，产肉性能好等特点。目前我国饲养的肉鸡品种主要分为两大类型。一类是快大型白羽肉鸡（一般称之为肉鸡），另一类是黄羽肉鸡（一般称之为黄鸡，也称优质肉鸡）。快大型肉鸡的主要特点是生长速度快，饲料转换效率高。正常情况下，42天体重可达2 650克，饲料转化率1.76，胸肉率19.6%。优质肉鸡与快大肉鸡的主要区别是生长速度慢，饲料转化效率低，但适应强，容易饲养，鸡肉风味品质好，因此受到中国（尤其是南方地区）和东南亚地区消费者的广泛欢迎。

我国的白羽肉鸡品种全部从国外进口，以引进祖代为主。目前引进品种主要来自三大育种公司，分别是美国科宝公司（Cobb-Vantrees），主要产品有科宝500（Cobb-500）、艾维茵48（Avian48）和科宝700（Cobb-700），产品特点是肉鸡性能好，主要体现在增重速度快，饲料转化效率高，出肉率高和死亡率低；美国安伟杰公司（Aviagen），其主要产品有：罗斯308（Ross308）、罗斯508（Ross508）和爱拔益加（AA+）等；法国哈巴德公司（Hubbard），其主要产品是哈巴德（HubbardHi-y）。

目前，国内黄羽肉鸡分布较广，按照来源分为三类：地方品种、培育品种和引入品种。

地方品种 我国地方品种除个别蛋用品种外，大部分为黄羽肉鸡品种。按照体型大小可分为三类：大型、中型和小型。大型黄羽肉鸡包括：浦东鸡、溧阳鸡、萧山鸡和大骨鸡等；中型黄羽肉鸡包括：固始鸡、崇仁麻鸡、鹿苑鸡、桃源鸡、霞烟鸡、洪山鸡、阳山鸡等；小型黄羽肉鸡包括：清远麻鸡、文昌鸡、北京油鸡、惠阳胡须鸡、杏花鸡、宁都黄鸡、广西三黄鸡、怀乡鸡等。

培育品种 按其生产性能和体型大小，大致可分为以下四类：①优质型“仿土”黄鸡，如粤禽皇3号鸡配套系等。②“中快型”黄羽肉鸡，如江村黄鸡JH-3号配套系、岭南黄鸡Ⅰ号配套系、粤禽皇2号鸡配套系和康达尔黄鸡128配套系等。③“快速型”黄羽肉鸡，如江村黄鸡JH-2号配套系、岭南黄鸡Ⅱ号配套系和京星黄鸡102配套系等。④矮小节粮型黄鸡，如京星黄鸡100配套系等。

引入品种 目前有矮脚黄鸡、安卡红和狄高肉鸡等。矮脚黄鸡是由法国威斯顿培育的高产黄羽肉鸡；安卡红肉鸡是由以色列PUB公司培育的快大型黄羽肉鸡配套系；狄高肉鸡是由澳大利亚英汉集团家禽发展有限公司培育的快大黄羽肉鸡配套系。

19. 蛋鸡有哪些主要品种？

蛋鸡的主要产品是鸡蛋，根据蛋壳颜色分为三个系。

（1）白壳蛋系 特点是体型较小，羽毛全白。大都有单冠白来航选育杂交而成，有两系、三系或四系配套几种模式。一般利用快慢羽自别雌雄。

（2）褐壳蛋系 体型中等，蛋壳褐色，多由原兼用型标准品种如新汉夏、洛岛红、澳洲黑、芦花洛克等选育杂交而成。一般利用金银羽在商品代自别雌雄。

（3）粉壳蛋系 一般由白壳蛋系与褐壳蛋系杂交而成。所产蛋壳颜色介于白与褐之间呈现粉色。目前主要采用以洛岛红鸡作为父系与母系白来航鸡杂交，并利用快慢羽自别雌雄。

地方品种中，原产于我国浙江台州区域的仙居鸡为蛋用型鸡。大骨鸡、惠阳鸡、寿光鸡和北京油鸡都是肉蛋兼用型。世界著名蛋用型品种白来航鸡为典型蛋用型鸡品种。我国的九斤鸡也是优秀的肉用型品种。新汉夏、洛岛红、澳洲黑、白洛克和白科尼什都属于肉蛋兼用型。

购买鸡苗时要注意什么样的种鸡场才具有出售鸡苗的资格，首先，种鸡场经营的品种或配套系是经过农业农村部认定的；其次，种鸡场具有当地畜禽主管部门颁发的生产经营许可证，上面标明经营的品种和代次；鸡苗出场应该有当地畜牧兽医站开具的动物防疫合格证明。

20. 肉羊有哪些主要品种？

（1）杜泊羊 原产于南非，是驰名中外的优质肉用绵羊。能适应干旱、潮湿、寒冷多种气候条件，有白头、黑头两个系列，公母羊均无角，体质呈典型的肉用羊体型。成年公羊体重105～118千克，成年母羊体重60～70千克，产羔率140%，是我国当前肉羊经济杂交配套系中的首选父本。

（2）无角道赛特羊 原产于英国，现在主产区是澳大利亚和新西兰，是当前世界上饲养最多的肉用羊。该品种适应性较强，公母羊均无角，被毛白色，属半细毛肉羊，体躯呈圆筒状。成年公羊体重90～110千克，成年母羊体重65～75千克，产羔率138%～175%，作为父本改良我国地方品种效果明显。

（3）小尾寒羊 小尾寒羊是我国著名的地方良种，原产于山东西部，梁山、郓城、嘉祥、东平、巨野和邻县的河南、河北等地。小尾寒羊能够适应各种气候条件，在舍饲条件下，能发挥良好的生产性能。该品种被毛白色，四肢较长，体躯高达，耳大下垂，公羊有大的螺旋角，母羊有小角、姜角。小尾寒羊成年公羊体重可达95千克，成年母羊平均体重60千克，产羔率177%～261%，该品种较适宜近距离小群放牧，不宜大群长距离放牧。

（4）湖羊 湖羊产于我国太湖流域，是适宜舍饲的绵羊品种。湖羊全身被毛白色，公羊、母羊均无角，四肢纤细，短脂尾，呈扁圆形。成年公羊平均40千克，母羊平均37千克，产羔率平均为231%。湖羊主要生产高档“羔皮”著称，近年来，随着肉羊产业的兴起，各地根据湖羊生长发育快的特点，开始引入杜泊公羊与湖羊母羊进行杂交，均取得了较好效果，成为肉羊经济杂交的良好母本。

（5）波尔山羊 波尔山羊原产于南非，白色被毛，头、颈、肩部均长着红褐色花纹。角突出，耳宽下垂。胸宽深，背平直，肋骨开张良好，体躯呈圆桶状，主要部位肌肉丰满，体躯圆厚而紧凑，四肢短而壮。成年公羊体高75～90厘米，体长85～95厘米，体重95～110千克，成年母羊体高65～75厘米，体长70～80厘米，体重65～75千克。早期生长速度快。在集约化育肥条件下，平均日增重可达400克，在放牧条件下平均日增重可达

300 克。波尔山羊 6 月龄即可达到 30 千克体重出栏上市。波尔山羊母性好，性成熟早，通常公羊在 6 月龄，母羊在 10 月龄时达到性成熟。其性周期为 20 天左右，发情持续时间为 1～2 天，初次发情时间为 6～8 月龄，妊娠期约 150 天。四季发情。每 2 年产 3 胎，产羔率为 160%～220%，绝大多数为多羔，60%为双羔，15%为三羔，可使用 10 年。波尔山羊的屠宰率超过 50%，肉骨比为 4.7∶1，骨仅占 17.5%。波尔山羊性情温顺，群聚性强，易管理，适合于集约化饲养。

21. 肉牛有哪些主要品种？

（1）安格斯牛 安格斯牛是英国最古老的肉牛品种之一，原产于苏格兰北部的阿伯丁、金卡丁和安格斯郡，是美国、加拿大、英国、阿根廷和新西兰等国的主要牛种，现在世界上大多数养牛国家都饲养该品种。安格斯牛育种工作从 18 世纪末开展，育种过程中曾用短角牛、爱尔夏牛以及盖洛威牛等进行杂交，在肉用性状选育上主要着重于屠宰率、肉质、饲料利用率、早熟性和犊牛成活率等方面。

安格斯牛体型较小，被毛多为全黑色，光亮，少数个体腹下、脐部和乳房有白斑。头小而方正，无角，颈中等长，背腰平直，肌肉丰满，体躯深广呈圆筒状，四肢短而端正，具有典型的肉牛特征。该品种也有红色个体，目前已被培育成红色安格斯牛品种。安格斯牛早熟易配，产犊间隔短，连产性好，极少难产。抗病能力强，耐寒，但抗热性能差。安格斯牛属于小型早熟品种，公牛体重 700～750 千克，母牛 600～700 千克，日增重 800～1 000 克，产肉性能好，一般屠宰率 60%～65%，净肉率 48%～52%。性情温和，易于管理，是国际肉牛杂交体系中公认的最好母系。

（2）海福特牛 海福特牛也是英国最古老的肉牛品种之一，原产于英格兰岛西部的海福特郡。育种工作在 18 世纪中叶开展，培育过程中注重早熟性和肉的品质，采用近亲繁殖和严格淘汰的方法。目前海福特牛分为英系海岛型和北美型，海岛型体型较小，北美型则体型高大。

海福特牛属于典型的肉用体型，体型深宽，肌肉丰满，头短额宽，颈短而厚，前躯饱满，背腰宽厚，中躯肥满，臀部宽厚，四肢短粗。全身被毛除头部、垂皮、颈脊连鬐甲、腹下、四肢下部及尾尖为白色外，其余均为暗红色或橙黄色。分为有角和无角两种，角蜡黄色或白色。适应性好，抗旱、耐寒、耐热。成年公牛体重900～1 100千克，母牛520～620千克，日增重超过1 000克，育肥后屠宰率可达67%，最高70%，净肉率60%。

(3) 夏洛来牛 夏洛来牛是欧洲最大的肉牛品种，原产于法国中部的夏洛来和涅夫勒地区，是现代大型肉用育成品种之一。夏洛来牛本是大型役用牛，18世纪开始系统选育，1964年全世界22个国家联合，成立了国际夏洛来牛协会，使得该品种进一步提高。

夏洛来牛体躯高大，肌肉发达，属于大型肉牛品种。全身被毛乳白或浅乳黄色，皮肤肉红色。额宽脸短，角圆长，向前方伸展，颈中等长，胸深肋圆，背腰深广，臀部丰满，整个身躯呈圆桶状，四肢粗壮，后腿肌肉非常发达，具有双肌特征。夏洛来牛耐粗饲，耐寒耐热。早期生长迅速，瘦肉率高，成年公牛体重900～1 200千克，母牛为670～790千克。屠宰率65%～70%，净肉率达55%。夏洛来牛15月龄以前的日增重非常高，是世界公认的经济杂交父本。

(4) 利木赞牛 利木赞牛仅次于夏洛来牛为法国第二大品种，原产于法国上维埃纳省、克勒兹和科留兹等地，因在法国中部利木赞高原育成而得名。与夏洛来牛一样，利木赞牛原来也是大型役用牛，1850年开始选育，目前世界上有50多个国家引入利木赞牛。

利木赞牛体格略小于夏洛来牛，体格健硕，肌肉丰满，也属于大型肉牛品种。全身被毛多为红黄色，鼻周、眼睑、腹下等部位毛色较浅。体躯较长，角为白色，头颈粗短，肩峰隆起，胸宽深，肋圆，背腰壮实，尻平宽，四肢强健，整体结构良好，呈典型的肉用体型。利木赞牛耐粗饲，性情温顺，体成熟早。成年公牛体重900～1 100千克，母牛为600～800千克，屠宰率63%～71%，净肉率50%～58%。利木赞牛难产率极低，与任何肉牛品种杂交其犊牛初生重都比较小，一般难产率只有0.5%。

(5) 比利时蓝牛　比利时蓝牛又称比利时魔鬼筋肉牛，原产于比利时，是世界上最强壮的牛。19世纪在比利时中北部由当地牛与英国的短角牛以及法国的夏洛来牛杂交而来，最初作为一个乳肉兼用品种进行培育，1950年利用近交繁育使该品种的一个随机基因突变得以固定在品种内部，从而大大提升了肉用性能。目前被育成纯肉用的专门品种，被引进到美国、加拿大等20多个国家。

比利时蓝牛个体高大，肌肉非常发达。被毛为白色，身躯中有蓝色或者黑斑点，色斑大小变化较大。头呈轻型，背部平直，尻微斜，体表肌肉非常醒目，肌束发达，肩、背、腰和后臀部肉块重褶，呈典型的双肌特征，体躯呈长筒状。比利时蓝牛早熟，早期生长速度快，成年公牛平均体重1 200千克，母牛平均725千克，屠宰率65%～71%，肌肉比其他品种牛多提供18%～20%。肌肉生长抑制素基因突变不仅使比利时蓝牛肌肉异常发达，而且影响脂肪沉积，使得比利时蓝牛脂肪比其他牛种低30%，胆固醇含量低。

(6) 和牛　日本和牛是当今世界公认的品质最优的良种肉牛之一，由日本当地牛和引进牛种合成。目前，日本和牛主要有四个类型：黑毛和牛、褐毛和牛、无角和牛和短角和牛，其中黑毛和牛是最主要的品种。

黑毛和牛以黑色为主，乳房和腹壁有白斑，黑毛中可见散发白毛，有角但短小，角色浅，角根白色，角尖黑色，角向上内弯。体型匀称，无肩峰，胸肋开张良好，四肢轮廓清楚，体呈筒状。成年公牛体重平均950千克，母牛平均620千克，屠宰率59%～65%。其肉多汁细嫩，肌肉脂肪中饱和脂肪酸含量很低，风味独特，大理石花纹明显，具有典型的“雪花肉”特征，肉用价值极高。

(7) 皮埃蒙特牛 皮埃蒙特牛是意大利古老的牛种，因产自意大利北部皮埃蒙特地区而得名，属于欧洲原牛与短角型瘤牛的混合型。原为役用牛，20世纪60年代随着国际市场对牛肉需要量的增加开始进行选育，育种过程中比较重视产犊难易度、生长速度，背腰的肌肉发达程度等性状。目前，美国、加拿大、巴西等20多个国家引进该品种。

皮埃蒙特牛被毛白晕色，公牛性成熟后颈部、眼圈和四肢下部为黑色；母牛则为全白，有些个体眼睑为浅灰色，眼睫毛、耳郭为黑色，犊牛至断奶月龄前为乳黄色。角型平出微前弯，角尖黑色。皮埃蒙特牛体型较大，肌肉高度发达，体躯呈圆筒状，泌乳量较高，属于肉乳兼用品种。成年公牛体重约800千克，母牛体重约500千克，屠宰率约为68%，净肉率达57%，母牛一个泌乳期平均产奶量3 500千克。同时，皮埃蒙特牛也具有肌肉生长抑制素基因突变，故其和比利时蓝牛一样具有瘦肉率高、脂肪和胆固醇含量低等优点。

(8) 西门塔尔牛 西门塔尔牛原产于瑞士西部的阿尔卑斯山区，原为役用品种，因社会发展需要，经过长期选育形成乳肉兼用品种。目前西门塔尔牛已有30多个国家饲养，成为仅次于荷斯坦奶牛的世界第二大品种，是肉用牛中最大的品种。

西门塔尔牛毛色多为红白花或黄白花，头部、四肢、腹部及尾梢为白色。体躯丰满，肌肉发达。额部较宽，颈长充实，前躯发达，中躯深长，胸部宽深，肋骨开张，鬐甲较宽，尻长而平，乳房发达，四肢粗壮。成年公牛体重1 000～1 300千克，母牛600～800千克，屠宰率55%～60%，肥牛达65%，净肉率

55%，肉质好，瘦肉多。同时西门塔尔牛也具有很高的产奶性能，平均在 4 400～4 700 千克，最高可达 11 740 千克。

22. 奶牛有哪些主要品种?

(1) 荷斯坦牛 荷斯坦牛原产于荷兰北部的北荷兰省和西弗里生省，经长期培育而成。荷斯坦牛风土驯化能力强，世界大多数国家均能饲养。经各国长期的驯化及系统选育，育成了各具特征的荷斯坦牛，并冠以该国国名，如美国荷斯坦牛、加拿大荷斯坦牛、日本荷斯坦牛、中国荷斯坦牛等。近一个世纪以来，由于各国对荷斯坦牛选育方向不同，分别育成了以美国、加拿大、以色列等国家为代表的乳用型和以荷兰、德国、丹麦、瑞典、挪威等欧洲国家为代表的乳肉兼用两大类型。

荷斯坦牛体格高大，结构匀称，皮薄骨细，皮下脂肪少，乳房特别庞大，乳静脉明显，后躯较前躯发达，侧望成楔形，具有典型的乳用型外貌。被毛细短，毛色呈黑白斑块，界限分明，额部有白星，腹下、四肢下部及尾帚为白色。成年公牛活重为 900～1 200 千克，母牛体重 650～750 千克，体高 135 厘米。犊牛初生重 40～50 千克。

乳用荷斯坦牛的产奶量为各奶牛品种之冠，1999 年荷兰全国荷斯坦牛平均产奶量为 8 016 千克，乳脂率为 4.4%，乳蛋白率为 3.42%；美国 2000 年登记的荷斯坦牛平均产奶量达 9 777 千克，乳脂率为 3.66%，乳蛋白率为 3.23%。荷斯坦牛的缺点是乳脂率较低，不耐热，高温时产奶量明显下降。

(2) 娟姗牛 娟姗牛属小型乳用品种，原产于英吉利海峡南段的娟姗岛。体型小、清秀、轮廓清晰。头小而轻，两眼间距宽，眼大而明亮，额部稍凹陷，耳大而薄，鬐甲狭窄，肩直立，胸深宽，背腰平直，腹围大，尻长平宽，尾帚细长，四肢较细，关节明显，蹄小。乳房发育匀称，形状美观，乳静脉粗大而弯曲，后躯较前躯发达，体型成楔形。成年公牛体重为650～750千克，母牛体重340～450千克，体高113.5厘米。犊牛初生重23～27千克。

娟姗牛的最大特点是乳质浓厚，单位体重产奶量高，乳脂肪球大，易于分离，乳脂黄色，风味好，适于制作黄油，其鲜奶及奶制品备受欢迎。一般年平均产奶量为3 500千克，乳脂率5.5%～6%，乳蛋白率3.7%～4.4%。娟姗牛较耐热，印度、斯里兰卡、日本、新西兰、澳大利亚均有饲养。

第三部分 畜禽饲养管理与饲喂技术

XUQIN SIYANG GUANLI YU SIWEI JISHU

23. 什么是现代化养猪？

现代化养猪以规模化、标准化、生态化为主要特点。规模农业是 2017 年中央 1 号文件的头号重要内容，也是未来中国农业发展转变的重要方向，国家对规模养殖业必将加大引导和扶持力度。现代化养猪亦称为工厂化养猪，是用工业生产方式组织和管理养猪生产过程，自动化、机械化、智能化、信息化为工厂化养猪提高劳动生产率提供设备支持，通常用当今先进的科学技术、设备来装备整个养猪过程，并用先进而科学的方法和理念来管理和组织养猪生产，提高生产效率和生产水平，最终实现低成本、高产、稳产和优质无公害。

规模化养猪主要有以下特点：①科技含量高，生产水平和效率高。②规模饲养，舍饲环境条件可控，饲养密度较高。③配备自动化、智能化和信息化设备机械。④饲养管理、人事管理科学，组织严密，部分实现远程控制。

标准化养猪即猪种良种化、环境设施化、营养科学化、防疫制度化、管理程序化、粪污处理无害化和政府监管过程化。其中，猪种良种化，指根据市场需求，选择高产、优质、高效的优良猪种，良种血统来源清楚、卫生检疫合格；环境设施化即因地制宜地选址布局、优化栏舍设施配置，保证猪只不受恶劣自然环境的影响；营养科学化指在严格遵守国家有关饲料及饲料添加剂和兽药使用规定的基础上，充分保证猪只的健康水平、生产水平和产品质量；防疫制度化即建立和完善猪场生物安全体系，保证猪只健康、生产安全和产品安全；管理程序化即制订并实施科学规范的饲养管理操作规程，健全生产记录制度，摆脱传统养猪的随意性，实行现代养猪的信息化动态管理；粪污处理无害化即健全和完善养猪场粪污无害化处理和资源化利用设施，实现环保养猪、生态养猪；政府监管过程化即由政府主管部门委派或委托养猪企业，对生产过程和管理过程，进行过程化的责任制监管，创造条件尽快实施养猪“准入制”和“退出制”。

24. 什么是无公害养猪？

20世纪90年代初，农业部开始实施绿色食品认证。2001年，在中央提出发展高产、优质、高效、生态、安全农业的背景下，农业部提出了无公害农产品的概念，并组织实施“无公害食品行动计划”，各地自行制定标准开展了当地的无公害农产品认证。无公害养猪就是在无污染的、适宜猪只生长繁殖的环境下，实现养猪经济效益、生态效益、社会效益三统一，是养猪业发展的高级阶段。需要采用科学营养的配方，减少或限量使用抗生素，禁止使用激素，利用生态工程原理保持猪场环境协调，让猪只发挥最大的生产潜能，提供安全优质的猪肉。无公害生态养猪的核心是：①限制抗生素在养猪生产中的应用，禁止使用激素。②农牧结合，合理设计规划生态猪场建设。③重视环境保护，综合利用，防止环境污染。④净化病原体的养猪生产技术。⑤无公害日粮的配制技术，提高日粮的消化利用率，减少氮磷和微量元素对环境带来的污染。

发展无公害养猪要做到三结合：①养猪与环保相结合，发展养猪业不能破坏生态环境。②养猪与种植业相结合，即猪-沼-果园、菜园、田地，循环利用各种资源。③牧业小区与规模饲养相结合，实行规模化、产业化、安全化生产经营，以屠宰加工企业为龙头，以牧业小区为基地，以市场为导向发展养猪产业化集团生产。这样不仅能降低农民养猪的成本，有效地防控疫病的发生，保证产品质量安全，提高市场竞争力；而且有利于提高养猪生产效益，保护生态环境，促使农民走专业化生产发展之路。

无公害养猪的技术路线一般为：“病原体的净化系统→排污净化系统→绿色饲养→优美的生态猪场环境”。控制、少用或不用抗生素；生产绿色饲料，降低粪便的排泄污染；减少化肥的使用量，促使粮食的生态环境更加合理卫生，涉及的主要技术包括：①猪场病原体净化技术。②粪便废水的处理技术。③绿色饲养技术。④无公害兽医卫生保健技术。⑤优美的生态环境猪场设计技术。

25. 什么是生态养猪？

畜禽养殖污染已成为农业面源污染的重要来源，破解粪污综合利用问题迫在眉睫。从 2016 年到 2017 年，我国陆续开始大规模猪场整治行动，划定了禁养、限养、可养区。因此，兼顾生产和生态两大目标，农牧结合，循环发展，解决这一难题的生态养殖逐步成为重点发展对象。

还农村原有的青山绿水，一方面需要引导养殖大户采取合并、入股等方式，关闭不利于环境污染治理的分散型、粗放型养殖场。另一方面，应组织养殖大户代表参观学习先进的养殖技术，引导养殖户发展现代生态环保型养殖模式。配套建设机械给水、雨污分离、粪便处理、沼气利用等环保设施，发展有机肥料种植业，形成“生态养猪、综合利用、有机种植”的格局。

同时，政府决策部门应尽全力、多渠道、多模式引导养猪业持续健康发展，设立合理高效的审批制度，一方面要避免养殖户或投资商盲目扩大规模；另一方面要提高农民参与的积极性；财政等各方面给予优惠政策，帮助他们解决发展中遇到的困难和问题；建立以县区为单位的养殖密集区集中治理模式，规划引领、合理布局、综合治理、规范监管、科技支撑，选择远离村庄、公路、水源的可养地块建设养殖场，源头把控，推进畜禽粪污处理和资源化利用，实现养殖场所在地区的种养基本平衡，农牧共生互动，生态良性循环；加大对经营者的培训力度，引导和培养新型职业农民、农村实用人才。

26. 生态养猪的主要模式有哪些？

生态养猪的模式多种多样，猪-沼-农（大农业）循环是主要模式，以此为核心，根据不同地区的特点逐渐扩展，补充更多生态位，形成一个完整的人工的生态循环系统。在生态养猪的循环圈内，将能利用的物、能全部利用起来，尽最大可能减少废弃物及污染物的排放。

养猪废弃物的无害化处理和资源化利用起核心和纽带作用。废弃物经过厌氧沼气发酵后产生沼气；废弃物中氮和磷元素溶入沼渣和沼液内，提高肥效，消除臭味；寄生虫及有害好氧菌经过厌氧发酵后基本被消灭，厌氧菌由于沼气菌的大量繁殖也大量死亡。沼肥作为农业、果、草的肥源或鱼的饵料。沼气可作为农村的生活能源。草可作为猪的部分饲料。

（1）青饲料-猪-沼-肥 在农村，种植青饲料养猪比较普遍。青饲料营养价值较高，营养成分能被猪充分吸收。饲喂青饲料代替部分精料后，可节约精饲料 20～30 千克，每头肥猪降低饲料成本 50～80 元。另外，青饲料对猪起着很好的保健作用，青饲料的纤维可促进胃肠道的蠕动，对粪便的排泄起着清洗剂的作用。养猪户可利用猪粪、猪尿种植青饲料，再用青饲料喂猪。这样一来，形成了猪粪种青饲料，青饲料养猪的自然生态循环。

（2）食用菌种植-养猪 猪饲料的吸收率为 60%～70%。因此，猪粪本身还蕴藏着可供开发利用的物质与能量。猪粪除了用于生产有机肥外，可用猪粪、渣稻草种植蘑菇，且种植成本较低，一吨猪粪约 200 元。试验表明，利用猪粪渣种植双孢蘑菇，产量与用牛粪和稻草种植的相当，质量符合无公害食品（食用菌）标准。1.5 万米^2 双孢蘑菇可消纳猪粪渣 600 吨，替代干牛粪 300 吨，节约牛粪成本 40 余万元，出菇后的菇菌渣还可作为堆肥原料再利用。

(3) 林、果-养猪 我国部分耐粗饲、适应性强的地方猪群体，也可采用闲置的林地放养模式，打造绿色生态有机生产、养殖基地。在林地或果园内放养猪群，以野生取食为主，辅以必要的人工饲养，生产较集约化养殖更为优质、安全的多种畜禽产品，接近有机食品。

(4) 大农场循环体系 以养殖粪污的循环利用为载体，可建设大农场式循环体系：猪粪通过固体发酵作用做成有机肥。一部分通过与玉米粉、豆粕、预混剂、载体和黏合剂混合制作成鱼饲料；另一部分还可通过加入稻壳、秸秆、麸皮和有机土壤等做成饲养蚯蚓的基质。养殖粪污无害化处理不但解决了污染问题，还增加了有机肥、鱼和蚯蚓等商品的收入。养鱼的池塘还可进一步种植莲藕，也可搭配有机肥种植蔬菜、经济果木和农作物，农作物收获后又可以作为饲料用于养猪，节约成本。这样就另外增加了莲藕、蔬菜和水果收益；蚯蚓粪也是一种难得的肥料，用在名贵花木上售价不菲，也可带来收益。这样就以养猪场为依托，建成了一个大农场式循环体系，不但实现了养猪生态化，环境友好化，而且还使猪场有了多项收入，抵御市场风险能力增强，经济效益也大大增加。

27. 什么是发酵床养猪技术?

发酵床养猪又称为零排放无污染养猪，此法是将有益微生物菌群按一定比例拌入木屑、谷糠或碎秸秆中，调整好湿度进行发酵并垫入猪舍，一般垫入 1 米左右。垫料可以降解、消化排泄物，不用清理和冲洗猪舍里的排泄物，垫料中的有益菌同时能抑制病原菌，不会产生蛆虫和臭气，保证生猪健康生长。猪产生的粪尿是微生物的营养来源，可使垫料中的微生物菌群不断繁殖，一次垫料可连续用 3 年左右。在寒冷的冬季，发酵床猪舍可控制在 20 ℃左右，垫料表面温度冬天可达 17 ℃左右，在高温潮湿的南方或夏天也能在 28 ℃左右，都利于生猪生长，缩短饲养周期。

在猪舍设计上，猪舍棚顶可以采用单坡式、双坡式、双坡楼式等多种形式进行，使发酵床冬季采光面积最大、时间最长，夏季炎热季节阳光射入相对较少。同时，可放置一体式水料桶，满足猪群自由采食的目的。根据地下水位高低，发酵床主要有地上、半地上和地下三种类型，实现母猪产仔、仔猪保育、大猪育肥全程发酵床的模式。同时，发酵床养猪技术可以延伸至养殖肉鸡、肉鸭等。

发酵床养猪在养殖技术上有着严格的规范流程，主要包含：①垫料管理。需对垫料进行定期翻倒掩埋。②水分管理。必须同时防止水分过大和垫料过干起尘，垫料过细过干就应喷水，以猪走动不起尘为准。③通风管理。尤其要注意通风，屋顶最好设置隔热保温层。④消毒管理。猪群进发酵床前，须进行严格的隔离和消毒处理程序。

发酵床养猪技术具有环保养猪的优势。与我国传统养猪方法相比，其优势可总结为“零排放、一个提高、两个节约”。“零排放”，即猪排泄的粪尿经垫料中的微生物分解、发酵，转变为微生物蛋白，猪场内外无臭味。将粪污问题提前在养殖环节消纳，可实现污染物零排放的目的，这是本技术最显著的特征。“一个提高”，即提高抵抗力、减少药残。由于猪在发酵床垫料上生长，应激减少，又可采食菌体蛋白，抗病力增强，发病率减少。发酵床养猪模式要求全程不添加抗生素，所生产的猪肉品质明显改善，保障了食品安全。“两个节约”，即节约用水和饲料、节约劳力。发酵床养猪技术不需要用水冲洗圈舍，所以较传统集约化养猪可节水 85%～90%。另外，由于猪场不需要清粪，也可显著节约劳动力。

发酵床养猪也有许多固有的缺点：①饲养密度高于一般规模化猪场，一般猪场要求每头猪的占地面积为 1～1.2 米^2，而发酵床技术每头猪需占地 1.5 米^2，用地成本增加。②发酵床猪舍不能完整实施消毒防疫程序，当前规模化养猪受疾病的威胁非常复杂，病毒细菌混合感染比较严重，发酵床的益生菌、发酵床床体的温度不能解决全部问题。③垫料来源也是个问题。④栏舍利用率不高，发酵床猪舍出猪之后，要把垫料堆积，重新发酵 15 天到 1 个月之后才能进猪。⑤发酵床的温度和湿度控制难度高，尤其是南方的夏季，很容易出现高温高湿的环境。

28. 母猪如何饲养管理？

（1）后备母猪 ①选留。根据个体的育种值，选择父母代生产性能优秀且同窝内没有病残猪的母猪作为候选，同时结合特定病原监测，选留抗原阴性母猪，保证后备母猪群的健康。②饲养。体重 90 千克后需调整饲料为专用母猪料，同时进行限饲，维持母猪的合理体况，不能过肥或过瘦，以免影响母猪的发情；配种前 7～14 天进行短期优饲，以促进母猪优质健康、成熟的卵细胞的排出，达到母猪多产健康仔猪的目的。③记录发情。体重 90 千克后要观察母猪发情情况，记录发情表现、时间、间隔，确定配种时间。建议 2～3 个情期后再配种。④免疫。针对母猪繁殖障碍性疾病，尤其是蓝耳病、伪狂犬病、细小病毒病、猪瘟等病毒性疾病，选择高质量产品，严格按照免疫程序进行免疫，确保仔猪获得免疫保护，减少哺乳仔猪的感染率。⑤配种管理。选择高质量的公猪或精液，在母猪 2～3 次发情后，出现明显发情表现的最佳时间进行配种，人工授精技术需要经过培训，确保高效配种。

（2）妊娠母猪 ①饲料管理。选择优质、全价的妊娠母猪专用料，妊娠各个阶段按饲养要求控制采食量，确保母猪营养需求的同时满足胎儿发育的需要和必要的母体营养储备，严禁劣质、霉变饲料。②环境管理。妊娠母猪需要安静、舒适的环境，另外注意加强冬季保温和夏季防暑降温。③免疫。后备母猪在配种前完成的免疫中有些保护期较短，如伪狂犬病免疫期只有 4 个月，因此母猪产前 30 天应进行一次加强免疫。④产前保健。注意体内驱虫和体外驱虫相结合；增强药物保健，减少母猪产后乳房炎、子宫炎、产后采食量下降、产后感染等情况的出现。⑤产前饲料管理。母猪产前 7 天开始应逐步由妊娠料过渡到哺乳料。

(3) 哺乳母猪 ①保健。饮水中可添加口服补液盐；产后可选择性注射广谱抗菌素，减少母猪子宫炎、乳房炎、产后感染等。②饲喂。产后 5～7 天尽快使母猪的采食量达到标准；仔猪 3 周龄后逐步减少饲喂量。③免疫。母猪产后 10～25 天间进行相关疫苗的免疫接种。④环境管理。最适环境温度为 18～22 ℃，应注意夏季的降温措施，同时加强通风以保持适宜湿度和较低浓度的病原菌含量。

29. 仔猪如何饲养管理？

(1) 饲养管理 ①接产。仔猪出生后清理口腔、鼻腔内黏液使呼吸道畅通；用软布擦干仔猪身上黏液，也可撒些干燥粉，称重记录；断脐消毒后放入仔猪保温箱内。②哺乳。根据仔猪大小、强弱，合理安排仔猪吃奶位置以固定奶头，增加仔猪均匀度；注意应该让每头仔猪都吃足初乳。③断牙、断尾、打耳号、阉割。这些外伤性操作尽可能做到细致、认真消毒，减少感染概率。④补水。仔猪出生 3 天后要补充清洁饮水。⑤补料。一般 7～10 日龄时补料，少添、勤添，保证开口料新鲜，避免浪费。⑥断奶、转群。一般 28～30 日龄断奶；管理优秀者 21 日龄断奶，断奶后在原环境继续生活 1 周时间，减少断奶应激。

(2) 防疫 注意伪狂犬、蓝耳病、猪瘟等疾病的免疫。乙脑、口蹄疫、病毒性腹泻等病毒病应在适当时间按免疫程序进行免疫接种，减少因此造成的损失。细菌性疾病如链球菌病、喘气病、萎鼻、大肠杆菌病、副猪嗜血杆菌病等可根据自己猪场实际情况进行合理免疫接种。

（3）保健 母乳不佳的仔猪可补充保健品增加仔猪抗病力。另外，注意补铁、补硒，以增强仔猪身体机能，补充量要适中。

30. 育成猪如何饲养管理?

（1）环境管理 除日常的卫生、消毒工作外，做好冬季保温、夏季防暑。注意猪舍环境的通风，尤其是晚秋、早春季节，北方地区相对较冷，封舍早、开封晚，舍内温度较高，易产生大量氨气，诱发猪呼吸道病变。

（2）饲料管理 育肥猪的不同生长阶段选择不同营养标准的饲料，充分满足猪体发育所需营养，同时注意所使用饲料原料的品质，避免使用霉变、劣质原粮。

（3）生长期药物保健 ①体内外驱虫。断奶仔猪进入育肥舍之前进行体内外驱虫。②适当的药物保健。在快速生长期猪体内大量营养物质被消化、吸收、转化、合成，这个过程中会产生大量代谢废物，可有选择地使用保健品。③日常管理。日常做好观察、记录，及时发现应对。

31. 种公猪如何饲养管理?

养殖种公猪的主要目的是配种。因此，种公猪必须保持良好的体况。养殖人员应该在营养供给以及适当运动等方面加强种公猪的饲养管理。

（1）饲料 种公猪的饲料中应该拌入适量的豆饼、花生饼以及鱼粉等物质，确保蛋白质的多样化。但也不可过量，过量的蛋白质也会起到负面效果，蛋白质过多易患肢蹄疾病，进而影响采精。种公猪也不可摄入过量的高能量饲料，以防脂肪沉积太多影响种公猪的生理机能。

注意补充微量元素、维生素以及矿物质，可以增强种公猪的免疫力，提高其抗病能力。精饲料与粗饲料应保持多样化。防止误喂发霉饲料。

采精期间，养殖人员还可以另外增加辅助营养物质，比如在采精完成后为种公猪补充鸡蛋或添加黄豆粉，确保公猪快速恢复。

(2) 种公猪的管理技术 ①单圈饲养。防止争斗、撕咬，引发不必要的经济损失。圈舍的设计也应科学合理，确保每头猪的占地面积为 8 米^2 左右，地面保持平整，给予其足够的光照。②保证运动量。适当的运动可以增强精子的活力，提高配种成功率。③环境条件。种公猪最为适宜的成长温度是 20 ℃左右，湿度在 65%左右。夏季尤其要注意降温，过高的温度会严重影响种公猪的精子质量。④免疫。定期清理圈舍，并为种公猪注射疫苗，定期驱虫。种公猪患病时应适当推迟配种时间，以免影响后代。

种公猪的饲养管理直接影响养殖户的经济效益，养殖人员应在营养、运动、免疫以及外界环境等方面实行必要的管理措施。做到种猪生活规律化、运动常态化、饲料全价化以及保健规范化等，实现种公猪养殖效益最大化。

32. 乡村养猪在饲喂技术上该注意哪些问题？

乡村养猪饲喂方法已经由过去的“以青粗料为主，适量添加精料”的传统方法逐渐向科学饲养的方向发展。科学配比饲料、科学饲喂可以保证饲料的适口性，营养成分更加全面合理，可增加猪的采食量，提高饲料转化率、生长速度，提高养殖效益。农村养猪饲喂技术应注意以下几方面问题：

（1）生料与熟料 乡村养殖户早年间习惯用熟料喂猪，认为熟料的饲料消化率高。试验结果表明，饲喂方式因饲料类型不同而不同：一般的青、粗料，熟喂比生喂好；多数精料类型日粮，生喂比熟喂好，熟精料会损失5%～10%的营养成分，但精料中的豆料籽实，熟喂比生喂好。对有毒或易污染的饲料，如菜籽饼、棉籽饼、泔水等，应采用熟喂的方法。生料喂猪可以节省人工、燃料等成本。

（2）稠料与稀料 稀料因含水量高，容易让猪很快填饱肚子，但也容易导致消化液分泌减少，使胃的排空加快，缩短了饲料在胃内的停留时间，减少了饲料营养成分的有效消化时间，影响营养吸收。稠喂特别是生干喂和生湿喂，能加强猪的咀嚼机能，促进消化液分泌，延长饲料在胃内停留的时间，提高营养成分的消化率。我们提倡稠喂，干饲料拌水或干饲料拌青饲料的熟喂方式，饲料的干湿程度以捏得拢、散得开为宜。

（3）少餐与多餐 饲喂次数根据猪的品种、日龄、季节以及饲料的性质来选择，不能一概而论。哺乳仔猪胃容积小，消化力弱，7日龄开始诱食阶段采用自由采食的方法，不限餐数；20日龄起至断乳，采用少喂多餐的方法，一般每天喂6～8餐；刚断乳的小猪处于生长阶段，消化机能日趋增强，对饲料营养要求强烈，每天喂4～6餐；带仔母猪和妊娠后期的母猪，既要维持自身的营养需要，又要保证胎儿生长发育和哺乳仔猪的营养需要，每天可喂4餐；育肥猪、空怀母猪、公猪尽量减少饲喂次数，一般每日喂3餐即可。在炎热的夏季，昼长夜短，可酌情加喂1～2次青饲料。冬季寒冷，昼短夜长，可采取早上早喂，晚上晚喂，适当拉开每餐的间隔时间，且晚上一餐要喂得稠一些多一些。

（4）定时与定量 养猪必须养成良好的饲养习惯，按照固定的时间进行饲喂，猪才会养成习惯，形成条件反射，一到时间就想去吃食，充分分泌消化液，这样猪才能吃得快吃得好，不易生病。一般情况下，早上饲喂定在6点，中午饲喂定在12点，晚上饲喂定在晚6点左右为宜，但要根据季节进行调整。

做好定时的同时还要做到定量。首先摸清猪群的大致采食量后，确定一个大体的饲喂量，不能饥一顿、饱一顿，否则会影响猪群生长。饲喂者要根据猪体的健康、营养状况、饲料和食欲情况灵活掌握。以不克扣、节约，不浪费为原则，一般以喂好一小时后猪不舔槽、槽内不剩食为最佳。

(5) 优质料与定位采食 饲料最好是由正规饲料厂按照猪的饲养标准配制生产的。若要自己配制饲料，则需根据不同品种、生长发育阶段的营养需求，进行科学配制，特别是要保证饲料中蛋白质和能量的指标。严格做到不喂发霉、变质、腐败、冰冻、有毒的饲料。同时，同一阶段猪的饲料质量要相对比较稳定，不随意变化。在抓好饲料质量的同时还要做好猪的采食、排泄、休息区的三点定位工作，保证猪舍的清洁卫生和饲料的卫生。

总之，在养猪生产中保证营养需要和各营养成分间的平衡。依据猪的营养标准，制订出最佳日粮配方。掌握饲料特性、保持配方稳定。养成良好的定时、定量、定质、定位的饲喂习惯；因地、因时制宜地处理好饲料的生与熟、稠与稀和少餐与多餐的饲喂方法，才能最终达到提高日粮的消化率和营养物质的利用率，提高养猪经济效益的目的。

33. 乡村现代化养猪的主要生产经营方式有哪些？

在市场引导和政府扶持下，一场以规模化养猪催生生猪产业化、现代化的养猪革命正在进行中。农村家庭传统散养养猪模式正在发生历史性的变革。

(1) “公司+合作社+农户”养殖模式 这种模式往往是多元化产业化经营，以养猪业为主，同时兼营饲料、动物保护、屠宰等相关产业；公司给农户提供饲料、动物保护、肉猪回收、技术咨询等配套服务；农户负责生长育肥阶段的饲养。

优点：能带动农民养猪致富。因此，农民欢迎、政府支持、融资能力强。对于养殖企业来说，养猪部分的固定资产投资也相对减少（公司不用建生长育肥舍）；整体养猪规模易滚动扩大。

缺点：运作复杂困难，资金链风险大，受民风（农户信誉度）的影响很大。公司给农户提供仔猪、饲料、药物时，农户往往要先赊欠，等到肉猪产品回收后再进行结算，这就需要大量的流动资金，只有财力雄厚或融资能力强的公司才能做到。由于民风（农户信誉度）不好而导致回收资金出问题则是另一个重要不利因素。

（2）养殖小区合作社模式　养殖小区合作社模式是：许多养猪户联合集中起来，在一个共同兴建的养猪园区内统一饲养、经营管理。这种模式一般由地区政府组织牵头运作，也有的是由某个龙头企业（公司）牵头运作。

优点：①利于资源整合，优化畜牧业结构，使生猪养殖业向产业化发展。生猪养殖小区将农户零星散养变为规模集中联片饲养，实行统一规划、统一建设、统一管理、统一生产、统一销售，有利于优化地区的养殖区域布局。②利于种养结合，优化农业产业结构。③有利于控制畜牧业污染。养殖小区选址远离居住地，减少了环境污染，降低了交叉感染概率。④有利于规范动物疫病防治，便于检疫监督。标准化的养殖小区有利于加强动物防疫，严格产地检疫、运输检疫、屠宰检疫，进一步控制疫病的发生和传播。同时，集约化的养殖便于检疫人员的检疫监督，减少工作量。

例如，河南舞钢市铁山乡中曹村生猪饲养园区，采用封闭式管理，园区的生活区和生产区相互隔离，整个生产过程使用微机控制，保温、控温设备使猪舍冬暖夏凉。饲养员曹恒超调侃道："这些猪吃的是营养套餐，喝的是绿茶（由栀子、槐米等中草药熬制的开水），住的是标准间，日子过得舒坦着呢!”为把标准化养猪落到实处，舞钢市还成立了养猪协会，养猪户都加入当地的养猪协会，由协会组织实施统一防疫、统一进饲料、统一销售，生猪饲养的专业化、标准化水平大幅提升。

（3）“四位一体”种养结合、循环生态养猪模式 “四位一体”循环生态养猪模式是指将沼气池、耕地栽培蔬菜、养猪、粪污4个因子进行合理配置后，实现种养结合，形成以沼气为能源，以人畜粪尿为肥源，种植业（蔬菜）、养殖业（猪）相结合的四位一体能源高效利用型复合农业生态工程。

“四位一体”循环生态养猪模式的主要特点是：将沼气、养猪和种植合理连接，充分发挥相互之间的循环作用，可有效解决农村生活中的用能（照明、做饭等）问题，提升农畜产品的产量和质量。优点：①污水处理工艺变废为宝。猪场污水处理工艺系统，实施雨污分流、干湿分开、污水处理、综合利用，经过固液分离；去悬除杂；再经过过滤分解，最后经处理的污水变为肥水还田利用。②猪粪变为绿色有机肥。对养猪大户来说，每天产出的大量猪粪进行处理后，除自用外，还可加工成袋装有机肥出售，也是一种很好的处理粪污方法，既处理了猪粪，又获取了额外的收益，还间接降低了养殖成本。

34. 如何划分肉仔鸡的饲养阶段？

答：根据肉仔鸡的生理特点和生长发育要求，可将饲养期分为若干阶段，使用不同营养水平的日粮和管理方法，提高饲养效果，使饲养规程更为合理，并能节省饲料费用，降低生产成本。这种饲养方法叫分段饲养，它包括饲料分段和管理分段。

（1）饲料分段 目前肉仔鸡的专用饲养标准有两段制和三段制。国外肉仔鸡饲养标准一般用三段制，如美国NRC饲养标准按0～3周龄、4～6周龄、7～9周龄分为三段。美国爱拔益加公司AA肉仔鸡营养推荐量以0～21天、22～37天、38天至上市分为前期料、中期料和后期料。前期料又称小鸡料，蛋白质水平要求较高（21%～23%），并含有防病药物；中期料又叫生长鸡料，与前期料相比，蛋白质水平降低而能量增加；后期料又称育肥料，蛋白质水平更低，但能量水平增加，禁止使用药物和促生长剂。我国黄鸡饲养根据出栏日龄不同，一般分为两或三个阶段，据此三黄鸡的饲料供应也分为两种或三种。

（2）管理分段　为管理方便，一般将肉仔鸡分为育雏期、生长期和育肥期三个阶段。育雏阶段对环境温度要求严格；中期为肉仔鸡快速生长阶段，此阶段肉仔鸡生长发育特别迅速，也称为生长期。后期则为出栏前的育肥期。

肉用仔鸡饲养一般采用两种方式，一种是从育雏到出栏都在一个舍内，逐渐扩群，最后到出栏。另一种是分段饲养，多采用两段或三段制，分段饲养制有何优缺点呢？①能够合理利用鸡舍。采用分段饲养，育雏舍与育成舍分开，从而减少了育雏舍面积。同时也充分利用了饲养设备，如笼具设备等可充分利用，降低了生产费用。②便于生产安排。由于分段饲养时育雏过程与育成过程分开安排，避免了很多设备的搬进搬出，饮具、食具型号也不用更换，降低了劳动强度。③有利于提高鸡群成活率。采用分段饲养，育雏阶段利用笼育或网上育雏，育成改为地面平养，将两种饲养方式的优点结合到一起，既提高了成活率，也降低了胸部囊肿与腿病的发生率。④鸡的转群过程给生产带来了不利因素。由于转群给鸡群带来了很大的应激，并增加了劳动强度，如果转群后管理不善，将会造成一定的损失。

35. 如何划分蛋鸡的饲养阶段？

（1）后备鸡的培育　1日龄雏鸡至开产（通常指0～18周龄）鸡称为后备鸡（此期也称为生长阶段）。后备鸡常根据培育的环境条件和营养需要的不同，大致划分为两或三个阶段。两阶段划分为雏鸡（0～6 周龄）和育成鸡（7～18 周龄）；三阶段划分为幼雏（0～6 周龄）、中雏（7～14 周龄）和大雏（15～18 周龄）。

育雏期（0～6 周龄） 育雏期是蛋鸡生产中的一个相当重要的基础阶段，育雏工作的好坏不仅直接影响雏鸡整个培育期的正常生长发育，也影响到产蛋期生产性能的发挥，对种鸡来说会影响种用价值以及种鸡群的更新和生产计划的完成。育雏期的培育目标是确保饲料摄入量正常、健康状况良好，使雏鸡达到生长发育与体重标准，并认真执行断喙和免疫计划，做好环境卫生和防疫工作。雏鸡未发生传染病，特别是烈性传染病，食欲正常，精神活泼，反应灵敏，羽毛紧凑而富有光泽。成活率高、先进的水平是指育雏的第一周死亡率不超过 0.5%，前 3 周不超过 1%，较高的水平是 0～6 周死亡率不超过 2%。在育雏期间，对照拟定的或者各个品种所规定的育雏方案所提供的信息，可以了解到育雏工作是否正确，并随时找出原因，纠正缺点，培养出生长正常的雏鸡，借助这些信息预测这批雏鸡将来的产蛋效果。发育正常的雏鸡，体重符合标准，骨骼良好，胸骨平直而结实，跖骨的发育良好，8 周龄跖长达 76～80 毫米，羽毛丰满，肌肉发育良好，并且不带有多余的脂肪，生长速度能达到标准，而且全群具有良好的均匀度，理想的指标是 85%以上的雏鸡体重在平均体重±10%范围内。

育成鸡（7～18 周龄） 如果育成的母鸡质量差，转入蛋鸡舍时就会有较高的死亡率，产蛋率低、蛋重小、质量差、耗料也多。后备鸡质量好，体质健壮，进入蛋鸡舍后，即使环境条件稍微差一些也可以耐受，而且能获得较好的产蛋成绩。因此，要想使蛋鸡高产，必须重视后备鸡的培育。这一阶段鸡只仍处于生长迅速、发育旺盛的时期，机体各系统的机能基本发育健全；羽毛已经换羽并长出成羽，具备了体温自体调节能力；消化能力日趋健全，食欲旺盛；钙、磷的吸收能力不断提高，骨骼发育处于旺盛时期，此时肌肉生长最快；脂肪的沉积能力随着日龄的增长而增大，必须密切注意，否则鸡体过肥对以后的产蛋量和蛋壳质量有极大的影响；体重增长速度随日龄的增加而逐渐下降，但育成期仍然增重幅度最大；小母鸡从第 11 周龄起，卵巢滤泡逐渐积累营养物质，滤泡渐渐增大；小公鸡 12 周龄后睾丸及副性腺发育加快，精子细胞开始出现。18 周龄以后性器官发育更为迅速，卵巢质量可达 1.8～2.3 克，即将开产的母鸡卵巢内出现成熟滤泡，使卵巢质量达 44～57 克。由于 12 周龄以后公母鸡的性器官发育很快，对光照时间长短的反应非常敏感，所以，如不限制光照将会出现过早产蛋等情况。18 周龄的育成鸡，要求健康无病、体重符合该品种标准、肌肉发育良好、无多余脂肪、骨骼坚实、体质状况良好。鸡群生长的整齐度，单纯以体重为指标不能准确反映问题，还要以骨骼发育水平为标准，具体可用跖长来说明肥度、肌肉发育程度和体重三者的恰当关系。小体型肥鸡和大体型瘦鸡，虽然体重达标，但是全身器官发育不良，必然是低产鸡；前者脂肪过多，发育不良，后者体型过大，肌肉发育不良，也很难成为高产鸡。因此，要求体重、跖长在标准上下 10%范围以内，至少 80%符合标准要求。体重、跖长一致的后备鸡群，成熟期比较一致，达 50%产蛋率后迅速进入产蛋高峰，且持续时间长。

(2) 产蛋期的培育 产蛋期一般是指 19～72 周龄，此阶段的主要任务是最大限度地减少或消除各种不利因素对蛋鸡的有害影响，创造一个有益于蛋鸡健康和产蛋的最佳环境，使鸡群充分发挥其生产性能，以最少的投入换取最多的产出，从而获得最佳的经济效益。

36. 产蛋鸡饲养管理应注意哪些问题？

(1) 适时转群、免疫 蛋鸡饲养到 16～18 周龄时接近性成熟，需要从育成舍转到产蛋鸡舍饲养，转群时间最迟不超过 18 周龄。刚转群的蛋鸡正处于生理上剧烈变化和外界环境完全改变的时期，充足的营养和良好的饲养条件至关重要，必须采取有效措施管理好鸡群，确保产蛋高峰的准时到来及维持较长时间。

转群时应淘汰残次鸡，转群前后三天应在饲料或饮水中添加电解多维。转群应尽量在夜间进行，特别是在夏天；应避免同时进行免疫注射和断喙等应激；抓鸡装笼时要小心，避免弄断骨骼或损伤生殖系统。转群后要及时完成鸡新城疫疫苗、传染性支气管炎疫苗、减蛋综合征疫苗和鸡痘疫苗的接种工作，避免开产后进行免疫对母鸡产蛋造成不良影响。

（2）正确的光照管理 光照管理是提高产蛋鸡产蛋性能的重要管理技术之一。产蛋鸡补充光照的目的是刺激产蛋，维持产蛋平衡：增加光照能刺激性激素分泌而促进产蛋，缩短光照则抑制排卵产蛋。产蛋期的光照原则是每天的光照时间只能延长或保持一定，绝不能缩短。通常是每天光照 16 小时，产蛋鸡从 20 周龄开始实行产蛋期光照程序。上半年育成的青年鸡在 20 周龄时，增加的光照时间不得超过 1 小时，以后每周递增 1 小时光照直到每天光照达到 16 小时，并维持到产蛋结束。下半年育成的青年鸡在 20 周龄时，将每天的光照时间增加到 13 小时，然后每周递增 1 小时，直到每天 16 小时光照。

光照制度一经确定，就应严格遵照执行，不能随意变动，否则，将会给产蛋带来严重的影响。一般光照制度是早晨 6 时开灯，上午日出时关灯，下午日落时再开灯，晚上 10 时再关灯。光照强度以 20～25 勒克斯为宜。一般在产蛋舍每条走道上空 2 米高度，每隔 3 米安装一盏 40～60 瓦的白炽灯，可满足鸡只对光照强度的要求。管理中每周应擦拭灯泡并保证光照强度，如遇停电，当天应补足光照。

（3）产蛋高峰期的管理要点

防止应激 产蛋高峰期峰值高，维持时间长，以后产蛋曲线是在高水平起点上的衰降，全程产蛋率相应较高。苦高峰期产蛋率突然下降，除疾病因素外，多为各种外界刺激因素引起的应激反应。一旦峰值突然下降，就不可能恢复到原来的峰值，因此，在日常管理中保持相对稳定的环境。避免给鸡群造成逆境是极其重要的。高峰期应按正常规程操作，不可随意更换饲料配方，保证充足清洁饮水，执行已定的光照制度，防止出现意外干扰。

注意产蛋曲线的波动 密切注意高产鸡的采食量、蛋重、产蛋率和体重的变化，这是判断给饲制度是否合理的指标。产蛋率和蛋重正常，鸡的体重不减轻，说明给料量和营养标准符合鸡的生理需要，不应更换饲料配方。

(4) 产蛋后期的饲养管理要点 产蛋后期一般是指 43～72 周龄。该阶段鸡的产蛋率每周下降 1%左右，蛋重有所增加，同时，鸡的体重几乎不再增加，要做好以下几个方面的工作。

调整日粮组成 参照各类鸡产蛋后期的饲养标准进行，一般可适当降低粗蛋白水平（降低 0.5%～1%），能量水平小时，适当补充钙质，最好采用单独补充粒状钙的形式。这样，既可降低饲料成本、又能防止鸡体过肥而影响产蛋。

限制饲养 一般轻型蛋鸡采食量不多，又不易过肥，不进行限饲，只按标准调整日粮组成即可；中型蛋鸡饲料消耗过多，容易出现鸡体过肥影响产蛋，要进行限饲。进行限饲时，应根据母鸡的体重和产蛋率慎重操作，因为高产鸡对饲料营养的反应极为敏感。通常在产蛋后期每隔几周要抽测体重或产蛋率下降幅度来确定是否继续限饲。限饲的具体方法：在产蛋高峰后第三周开始，将每 100 只鸡的每天饲料摄取量减少 220 克，连续 3～4 天。假如饲料减少未使产蛋量比标准产蛋量降得更多，则继续进行减料。只要产蛋量下降正常，这一减料方法可一直持续下去。如果产蛋量下降异常，则应恢复的一饲喂量。当鸡群受应激或气候异常寒冷时，恢复原来的喂料量。

适时淘汰低产蛋鸡　目前，生产上的产蛋鸡大多只利用一年，在产蛋一年后，或自然换羽之前就淘汰，这样既便于更新鸡群和保持连年有较高的生产水平，且有利于省饲料、省劳力、省设备。许多鸡场（特别是个体户）也有采用淘汰提前换羽和低产的母鸡，留下高产母鸡，再养一段时间，或进行强制换羽再饲养半年。

增加光照时间　在全群淘汰之前的3～4周，适当地逐渐增加光照时间，可刺激多产蛋。

37. 肉鸡饲养过程中应注意哪些问题?

（1）雏鸡到达前充分做好准备工作　所有鸡舍要实施全进全出的管理方式，不要收养不同日龄或来自不同孵化场的苗鸡。育雏到出售均在同一栋鸡舍内饲养，以利于疫病防治及生产安排。彻底清洗及消毒鸡舍以及器具、设备。各项空间要计算好，因为密饲即意味着饲料及饮水空间的不足，从而影响鸡群生长发育及整齐度差。

肉鸡生长所需面积

体重（千克）	饲养密度（只/米²）
1.0	18
1.4	14
2.0	10

说明：无良好的饲养设备及在每年七月中下旬至 8 月上旬出栏的鸡，其密度还应做适当减少。

若有保温伞设备，每个保温伞预定收留 400 只雏，并圈上 40 厘米高的护围，使其距保温伞的边缘 100～150 厘米。每个保温伞下面准备 8 个以上 4 升饮水器及 8 个 30 厘米×60 厘米料盘。每个保温伞下悬挂 100 瓦灯泡，育雏前三天尽量多挂一些 100 瓦灯泡，以保证充分照亮饮水器及料盘。14 日龄料盘可改用料桶，40 只/桶或每只鸡要有 5 厘米的料槽长度，灯光在第四天后改为 1 瓦/米^2 即可。检视育雏舍，做最后一次消毒，禁止闲杂人员、器具及车辆等进出，等待雏鸡到来。空舍时间应在 4 周以上为宜，最少也不能低于 2 周。准备好新鲜营养平衡的破碎由小鸡料，并注意使用添加球虫药的饲料。进雏前一天，将室温（距地面 5 厘米高度）提高到 32～35 ℃，并将饮水器装满水，使饮水温度在小鸡到达前饮用时能达到 20 ℃以上。使用地下水需要在饮水内添加 3 毫克/千克的氯或其他抗生素药物（如 5%恩诺沙星）。

（2）小鸡到达后的管理　小鸡到达时尽快入舍，因长途运输等原因遭到应激时，饮水内加入 5%葡萄糖饮用 8 小时或饮电解质水（50～100 克多维电解质/100 千克）2 天。先让小鸡喝水 1～2 小时，然后再喂料。前 3 天要 24 小时点灯，灯光愈亮愈好，以便小鸡能充分吃料和饮水。供给雏鸡用料。育雏保温的第一天起，育雏舍就必须要有良好的通风，适当打开风机或窗户，以避免腹水症的发生。

温度：前一周 32～35 ℃，每周下降 2～3 ℃，直至 18～21 ℃。喂料：少而勤。经常巡视鸡舍：前 7 天死亡率不应超过 0.8%。第四天保持 18 小时光照直至第 7 天。以后每天必须清洗消毒饮水器，如加氯时，每周必须测其浓度在 3 毫克/千克的范围，以便有效控制大肠杆菌病。第八天起，注意调整鸡群密度（扩栏），并将开食盘及饮水器向常用的喂料器（吊桶）、饮水设备（钟形饮水器）过渡。喂料器及饮水器的位置要平均分配，使每只鸡在 3 米范围内均能吃到。随着鸡只生长需将喂料器及饮水器等调整到鸡背高度，以避免饲料浪费或溅湿垫料或被垫料污染。第八天起保持 16 小时光照，一直到（出栏）为止。鸡舍内氨的浓度不能超过 20 毫克/千克，否则会影响肉鸡生长且容易感染呼吸道疾病。认真做好饲料及鸡只死淘记录。保持良好的通风及垫料干爽。

第22天起换成肉中鸡料，使用到上市前一周换料时需3天换完，以减少换料时对鸡造成的应激。保持舍内良好的通风及垫料干爽。上市前最后一周，换肉大鸡料一直到出售。认真做好记录及舍内环境调整。大鸡出售后，记录饲养成绩并计算成本利润。

38. 肉种鸡育成期饲养管理应注意哪些问题？

要想使肉用种鸡在产蛋期获得高产，使入舍母鸡产高质量的可入孵种蛋，很重要的一点是种鸡在育成期的管理。只有种鸡苗内在质量可靠，在饲养中我们又遵循了肉用种鸡生长、发育、生殖的规律，满足它对营养、环境（温度、湿度、空气）等需要，保证其健康，使青年鸡能在体重、体型、性成熟上达到高度的一致，才能使我们的育成水平达到甚至超过AA饲养标准。

（1）必须从早抓住群体发育的均匀度 为了发挥肉用种鸡的生产潜力，提供较多的可孵种蛋，在育成期必须牢牢抓住群体的均匀度，抓群体的均匀度要特别重视时效性，即从种苗入舍第一天就开始抓，重点放在4～18周。

第一周开始，就要严格控制好群体的饲养环境，即密度、湿度和温度，采食位置和饮水位置，料位分配均匀等，使种鸡群在育成期得以均匀的增重。

适时分栏饲养 从第二周开始称重，第四周开始按鸡群体重的大小分栏饲养。要点：①小鸡栏内群体数量应视个体差异状况而定，一般不超过15%，最多不宜超过20%。②随时调换大鸡和小鸡，此项工作每周2次，并对小鸡增加饲料量使其跟上平均体重。

切实做好周末称重 周末称重是肉用种鸡饲养的重要工作，是本周生产分析以及决定下周饲养工作的调整依据，因此，只有周末称重数据准确，才能使我们做出正确的判断，为此需做好如下工作。①取样数量不宜过少，以10%为宜。②取样地点不宜过少，对于长125米、宽12米的鸡舍，取样地点不得少于10个。③称重要准确。一是称重器具在用之前要调试，要保证其准确度和灵敏性，刻度以20克单位为宜；二是固定专人看秤，以减少因视觉误差造成差错；三是将每一地点所围的鸡只要100%称重，不能随意加减。

注重选淘工作 种鸡饲养的目的是培育出有经济价值的合格种鸡，每周必须搞一次鸡只淘选，根据选留标准，将鉴别误差的公鸡和母鸡、体型发育不好的公鸡、外伤的鸡只、体重太低或太大的鸡只、羽毛杂色及过于瘦弱的鸡只淘汰。这样不仅能降低育成成本，控制好饲养环境，利于群体生长发育一致，同时能使技术人员对种鸡群的实际状况有正确的了解和判断。

设备维修保障 集约化的养鸡离不开现代的饲养设备以及利于群体饲养环境的控制，在注重其实用性的同时，还要保证其设备运行100%的完好。只有好的设备，再加上好的管理，才能有利于提高种鸡群的饲养水平。

（2）严格控制体重 体重控制与饲料的用量有关，其原则是以种鸡周末体重标准为参照，根据每周周增重决定下周饲料的投放量。体重的控制因与季节、饲料营养水平、棚舍设备等诸因素关系密切，应尽量接近标准，不能有太大的差距。为了保障种鸡群体的生长一致性，在喂养方法上采用限饲及限水。

限饲 母鸡在1～7日龄时敞料，每天喂料6次，做到少喂勤添。从第二周给予定量饲料。进入第三周后，每天给予每羽母鸡的定量饲料是34克左右，当周末群体的平均体重达318～320克时，进行更换育成期饲料，并采用“喂五停二”的饲喂程序，但需指出的是如果体重达不到或鸡群发病等，应推迟更换和限饲，待达到周标准后再更换。喂量的增加，以体重为标准，按每周增重速度决定下周的投料标准，如果本周称重正确，增重超过目标体重时，在下周投料时要适当减少增料量，但绝对不能不增料，如果增重低于目标体重要相应增加投料量，但绝不能过量增料，一切以实际饲养结果与目标体重对照，才能调节好鸡群的生长要求，达到预期的结果。公鸡从第一周的第一天到第七天是敞料，从第二周开始按标准投料，但一般的投料量比母鸡多30%～35%，一直到第六周末体重达到高于母鸡35%～40%时，经过第一次选种后与母鸡分栏饲。

限水 在正常的气温环境下，料与水之比为1∶2，但鸡只每次饮水后会停留在饮水器边上戏水，把垫料、棚架弄湿，使室内水分增加、湿度提高。当饲料和垫料潮湿后会引起霉变并产生氨气，危害鸡群健康，因此在限料的同时要限水。

① 喂料日限水。每天供水4次，早上在喂料前半小时放水，一直到料吃光后1小时停水；第二次在上午10点；第三次在下午1点；第四次在熄灯前半小时。从第二次到第四次在饮水器供应充足的情况下，每次喂水时间在10～15分钟。

② 停料日限水。第一次在开灯后喂水1小时，其余采用喂料日方法，在夏天高温情况下要灵活掌握。要注意不能等到棚架或垫料潮湿后再停止供水，要求饲养员检查鸡只吃水情况作适当调整，供水系统及饮水器的数量要保证，否则限水失败。

光照控制 在育成期为密闭式纵向通风饲养，故采用人工控制的光照，当体重达到2.07千克以上时，即20周龄光照长度由原来8小时增至14小时，光照强度由原来的5勒克斯增到30勒克斯。在第23周龄见到第一枚蛋，增加光照1小时，总光照为15小时，7～10天能达到1%产蛋率，4～6天后达到5%产蛋率。此时，再增加光照1小时，使总光照长度达16小时，这样一直保持到产蛋结束。

39. 影响禽蛋禽肉质量的因素有哪些？

（1）饲料与鸡肉品质　饲料是肉鸡的营养来源，因此饲料的质量不仅决定了鸡肉的产量，还决定了鸡肉的品质和安全。饲料是鸡肉安全的源头，饲料安全也可以说是鸡肉安全的基础，直接影响消费者身体健康和生态环境的可持续发展的物质基础，占整个养殖成本的70%左右。饲料通过机体转化为鸡肉产品。

（2）某些饲料营养因素会引起鸡肉的氧化变质　引起鸡肉氧化变质的主要饲料营养因素是饲料的氧化变质，本质上是含不饱和键的物质（如脂肪、脂肪酸、脂溶性维生素和其他脂溶性物质），其中最主要的是脂肪和脂肪酸的氧化酸败。其次，在高温高湿条件下，微量元素、抗氧化剂水平、脂肪与含脂肪高的原料也是造成饲料氧化变质最后导致鸡肉氧化变质的主要原因。另外，饲料的霉变和病原微生物污染也会导致鸡肉的氧化变质。

（3）能量饲料原料影响鸡肉品质　能量饲料主要包括碳水化合物类能量饲料和油脂类能量饲料，碳水化合物类能量饲料在鸡饲料中占有的比例是非常大的，其中以谷实类最为常用，谷实类中黄玉米含能值高，含有胡萝卜素、玉米黄素等，有利于生长、加深肤色，且用玉米饲喂肉鸡比小麦饲喂肉鸡可以沉积更多的脂肪，胸腿肉嫩度更好。而小麦配以燕麦比配以大麦可使鸡肉味道更鲜美，高粱中因含有单宁而会造成带有鱼腥味的鸡肉。以无壳燕麦替代肉鸡日粮中玉米、豆粕，随添加量增加，将降低肌肉嫩度与多汁性。以甘薯替代肉鸡日粮中50%的玉米，同时以23%的大豆粕替代花生粕，具有降低腹脂的趋势。

油脂类能量饲料是肉鸡饲料中常用的能量补充饲料。饲粮中的油脂不但能提供能量，而且能供给鸡必需的脂肪酸等营养物质。鸡的饲粮中经常需要添加油脂，以满足其生长发育的需要，同时调节鸡体的脂肪代谢，进而达到改善鸡肉品质的目的，且不同种类的油脂对鸡肉品质的影响不同，动物性油脂优于植物性油脂。由于鸡体脂成分可用饲料脂肪调控，使得增加鸡肉产品中PUFA（多不饱和脂肪酸）含量成为可能。鱼油中含较高该类脂肪酸，如果在日粮中添加可显著提高胸肌ω-3PUFA含量，但并不是含量越多越好，高腹脂的胴体会造成鸡肉感官品质的降低，同时也不符合现代人们的保健需求，通过控制日粮中脂肪来源、数量和饲喂时间等方法可减少这种影响。

(4) 蛋白饲料原料影响鸡肉品质 蛋白质饲料主要有植物性蛋白质饲料和动物性蛋白质饲料两大类，不同蛋白质饲料对鸡肉风味和鸡体脂肪的蓄积影响不同。由于鱼特有的鱼腥味，饲料中添加鱼粉会导致鸡肉风味下降，但饲喂经过发酵的鱼粉，对胴体品质、肌肉成分没有影响，肌肉不再有鱼腥味。在肉鸡饲粮中添加2%～10%的羽毛粉不影响其生产性能而且降低了腹脂和胴体脂肪含量。植物性蛋白饲料中豆粕和花生饼（粕）用得最多，商品肉鸡的后期料中花生饼（粕）应适当提高比例，因为它可以改善肉质风味。菜籽饼是一种廉价的蛋白质饲料，但在饲料中大量使用时，因其含有硫葡萄糖苷而可能造成肌肉异味，如在饲料中添加10%低葡萄糖苷菜籽饼就会降低鸡肉的感官品质。

(5) 饲粮油脂影响鸡肉品质 饲粮中脂肪来源、氧化程度、添加水平和添加时间都可能影响鸡肉品质。与动物油脂相比，橄榄油可显著提高胸肌、腿肌中油酸含量、单不饱和脂肪酸比例，显著降低腿肌硫代巴比妥酸反应物TBARS值。饲粮中多不饱和脂肪酸过高会对鸡肉品质产生不良影响，容易引起鸡肉的氧化变质。

鸡肉组织中脂肪酸的组成可通过日粮的调整而改变，可以在肉鸡日粮中补充一些副含ω-3多不饱和脂肪酸的油脂来改善鸡肉组织的脂肪酸组成。一些植物油中有相当浓度ω-3脂肪酸，如玉米胚芽油、棉籽油、燕麦油、芝麻油、大豆油、葵花籽油、红花油、月见草油、亚麻籽油、菜籽油、紫苏油等，鱼油中ω-

3脂肪酸比较丰富，特别是EPA和DHA。但在日粮中鱼油的量超过2%将会产生鱼腥味，损害肉质的感官质量，而使它们的应用受到限制。亚麻油是降低鱼油异味的ω-3PUFA的可供选择的来源。鸡肉中含有大量的PUFA，在贮藏过程中会发生氧化反应，会降低食品的颜色、风味、组织结构和营养价值和货架期，因此，可在饲粮中补充适量的微营养性抗氧化剂，如维生素E、硒、镁、β-胡萝卜素等或具有抗氧化性的天然植物提取物如茶多酚、黄酮等，抑制多不饱和脂肪酸的氧化，改善鸡肉的脂肪酸组成。

（6）饲粮氨基酸水平影响鸡肉品质　饲粮中的氨基酸水平与肉质有一定的关系，肉鸡日粮中一种或几种氨基酸含量低时，肉仔鸡的采食量加大以满足自身限制性氨基酸的需要量，这样导致摄入能量过多，多余的能量转化为脂肪，造成体脂含量增加。在日粮低蛋白条件下，添加限制性氨基酸有利于减少脂肪的沉积。适当提高饲粮蛋氨酸水平可降低肉鸡腹脂的沉积，蛋氨酸降低采食量的效应或直接参与控制腹脂的沉积过程，可能是蛋氨酸降低腹脂的原因。在赖氨酸缺乏的日粮中，随赖氨酸的添加胴体脂肪含量下降，高能和高赖氨酸水平下可获得最大程度的蛋白质沉积，低能和适中赖氨酸水平下可获得最低的脂肪沉积量。在等能条件下，将肉仔鸡饲料中粗蛋白水平从20%降低到16%，并添加0.2%缬氨酸可降低因低蛋白带来的腹脂增加，而单独添加0.2%异亮氨酸则会提高腹脂含量。采食含蛋白质22%的肉鸡与采食18%或20%的肉鸡比较，胴体醚浸出物或腹脂重随蛋白质的降低而增加，并且随赖氨酸或精氨酸的添加而降低，胸肌随赖氨酸或精氨酸的添加而升高。

（7）矿物质与微量元素影响鸡肉品质　在宰前肉鸡饲粮中补充适量的钙对改善鸡肉的嫩度有益。饲粮中补充有机铬能降低肉鸡胴体脂肪含量，增加蛋白质含量，降低血清甘油三酯和游离脂肪酸水平。另外，补充有机铬还能明显降低肉仔鸡血清胆固醇水平，增加血清高密度脂蛋白水平。适当提高日粮中硒水平能增强机体抗氧化能力，从而提高肉品的质量。添加0.1毫克/千克有机硒能显著降低鸡肉的滴水损失。日粮中添加硒还可显著提高羽毛评分，改善肉品质量，尤其是在肉色、滴水损失方面，有机硒较无机硒效果明显。铜和锌是机体超氧化物歧化酶（SOD）的重要组成部分，提高饲料中铜和锌的添加量，可增强肌肉中SOD的活性，减少自由基对肉品的损害；另一方面，铜也是肌肉中脂质氧化的催化剂，可大大加速脂质氧化速度。高镁可提高肌肉的初始pH，降低糖酵解速度，减缓pH下降，从而延缓应激，改善肉质，而且蛋白镁比氧化镁更有效。

（8）维生素影响鸡肉品质 维生素E是一种非常有效的抗氧化剂。维生素E在鸡肉中的存在与缺乏影响肉品在贮藏过程中脂肪的稳定性。在肉鸡饲粮中添加维生素E可提高鸡肉的抗氧化性能，增加肉色的稳定性，延长肉品的货架期。维生素C和β-胡萝卜素可以和维生素E协同作用，延缓鸡肉的氧化与脂质酸败，有效地延长鸡肉的保鲜期。饲粮中添加核黄素可显著降低肉鸡肌肉颜色的亮度值、滴水损失和剪切力，从而改善肌肉品质，也可降低皮下脂肪厚度和肌肉总脂肪含量，降低肝脂和肌肉中TBARS值。在饲粮中添加硫胺素会对肌肉肌苷酸、肌内脂肪等的沉积有一定影响。在宰前肉鸡饲粮中补充适量的维生素D3能改善鸡肉的嫩度。

40. 蛋鸡如何生态养殖？

生态养殖一定要有的放矢，以不破坏生态为原则。根据具体条件（如植被状况，地形特征，可放牧地范围，雨水情况及市场预测等），科学安排放苗时间、饲养量和饲养品种，做好市场调研，避免盲目跟进，盲目发展，而得不偿失。要制定好严格的防疫和饲养管理计划，科学设计布局，合理利用资源。建设既能保证家禽舒适，又能最大限度地获得经济利益的禽舍和设备。要备好抵御自然灾害和突发事件（如大风、暴雨、冰雹、烈性疫情等）的设施，避免造成重大损失。

（1）林地、荒山（滩）、**牧场放养** 此类场地家禽可随时捕食到昆虫及其幼虫，觅食青草和草籽、腐殖质等，鸡粪肥林、肥滩地、肥牧场。养禽不仅能节省饲料，降低成本，而且可减少害虫对林木和牧草的伤害，有利于树木、牧草的生长。但要根据草场的茂密，林地、荒山（滩）的墒情等因素来定制饲养家禽的数量和种类。墒情差、牧草生长不良时，要少养或不养。数量过大或过度放牧会破坏植被，长期养殖基地可考虑人工种草，人工饲养蚯蚓、黄粉虫，青贮饲料或黄贮秸秆等以补充天然饲料不足。

（2）果园、桑园、枸杞园等放牧 此类场地由于不缺水，地肥、草厚、虫多。适时合理放养家禽，不但家禽能赚到丰厚的利润，而且家禽可以捕食蚂蚁、金龟子、潜叶蛾、地老虎等害虫的成虫、幼虫及蛹。家禽觅食嫩草、腐殖质和落地果，还可以将底果吃掉，起到疏果的作用，有利于果树的正常生长和丰产。不仅节省劳力，减少农药的使用，而且禽粪能肥田，其经济效益十分显著。但放养家禽的数量要严格控制，数量过大，家禽由于饥饿而破坏树木和果子。喷洒农药时应禁牧一周。

（3）庄园、生态园放养 此类场地由于其人工和半天然的特点，如果按其不同的特点合理安排放养不同的家禽，包括水禽和一些特禽（有药用保健型、观赏型、野味型、狩猎型等），不仅能给园区带来经济效益，而且给园区增添特色景观。合理数量的家禽可以啄食园区内的虫、草，变害为宝。不仅利用了资源，家禽粪便还提高了土壤肥力。使经济效益和生态效益高度统一，是生产绿色食品和庭园经济的理想场所。

（4）湿地、河滩、湖泊、沟渠放养 此类场地因水中有大量水草、小鱼、小虾、田螺等动植物天然饲料，适宜各种水禽养殖，尤其是种禽养殖的理想场所。要根据水面大小、水中生物及草场肥厚来定制养殖数量。死水要注意定期换水和定期消毒。根据不同季节，气候变化，天然饲料的肥厚等，人工调节补给适量饲料。饲养的数量以不破坏水质为宜。

（5）稻田放养 稻田养殖适于商品类水禽鸭的放养，其时期应在秧苗成活并已转青分蘖后到抽穗扬花期间放养。在稻子收割后，田里有大量落谷，也是放养的最好时期。其他粮田收割后同样也是放养的好时期。放养鸭的稻田水不宜过深，因水浅时，水中微生物易捕捉，杂草易被鸭吃掉。气温过高时（30 ℃以上）不易放养。在放养中要分块放养、轮流放牧，真正起到养鸭除草肥田的作用。

（6）规模化高效养鸡生产模式 农户养鸡应尽可能地充分利用现有房舍加以改造后作为鸡舍，即使新建鸡舍，也要尽可能地本着节俭实用的原则，减少固定资产投资。饲养快大肉鸡或优质鸡，可推广塑料大棚养鸡。养鸡的大棚与种菜的类似，一般可用毛竹做骨架，舍宽 5 米左右，长度根据养鸡数决定。在舍的内层用无滴塑料膜，其上铺 20 厘米切草保温隔热，草上再覆盖一层普通塑料膜，然后用尼龙绳固定。大棚两侧的膜为可以放下和收起的活动型，以便通风换气。舍的地基要高于地面 20～30 厘米，如地基潮湿，可在地基铺一层塑料膜或编织布隔潮，其上铺草作垫料。配套设备可用真空饮水器、料桶。这样的简易鸡舍一般可用 2～3 年，一批养鸡 2 000～3 000 只的规模，总投资 2 000 元以内，成本较低。

饲养蛋鸡宜采用笼养。新建鸡舍一般内宽 7.3 米，双列摆放笼具，配套设备有料槽、饮水槽或乳头饮水器。鸡舍既要求冬暖夏凉，又要考虑节约投资成本。为了防疫和防暑，鸡舍檐高应在 3 米以上，鸡舍与鸡舍间隔 12 米以上。

蛋鸡笼有两种类型，396 型养轻型蛋鸡及粉壳蛋鸡，每组笼养 96 只；390 型为中型蛋鸡笼，可养褐壳蛋鸡 90 只。如为改造鸡舍，往往防暑降温是首先考虑的问题，如养鸡数量较多可在舍内沿鸡舍长轴方向装一条室内喷雾管线和喷咀，在鸡舍的另一端上墙处装抽风机，夏季喷雾加上通风可保障养鸡安全过夏。根据鸡舍宽度，笼具可采用全架笼和半架笼，家庭中小规模蛋鸡生产以人工喂料，人工清粪、人工集蛋为宜。中大规模蛋鸡生产以自动喂料，自动饮水，机械清粪、人工集蛋为宜。

41. 肉鸡如何生态养殖？

（1）生态饲养肉鸡的技术要点 生态肉鸡饲养就是在天然草原、森林生态环境下，采取舍饲和林地放养相结合，以自由采食草原和林间昆虫、杂草（籽）为主，人工补饲配合饲料为辅，呼吸草原、林中新鲜空气，饮无污染的河水、井水、泉水，生产出绿色天然优质的商品肉鸡，主要技术要点：①选好适合的生态肉鸡品种。②选好饲养场址，选择草原牧地、天然林地、农家田地等地饲养；要求鸡舍周围5千米范围内没有大的污染源，有丰富的牧草和林地，其坡度不超过25°左右为宜，且背风向阳、水源充足、取水方便；道路交通和电源有保障。③选择合适的育雏季节，最好选择3～6月育雏，抓好幼雏、育成阶段放养训练。④选好人工补饲饲料，必须按生产有机食品的标准执行；在人工饲料生产过程中严禁添加各种化学药品，以保证生态鸡的品质。⑤做好疫病防治。⑥做好天敌防范。

（2）采取适宜肉鸡养殖模式 我国目前肉鸡养殖模式大致有四种，第一种是一条龙的模式（集约化模式），是指的把养殖业上下游集约到一起，通过系统的管理，来获得系统经济效益的一种生产模式。第二是规模化的模式，这种模式比较单一。第三是专业户的模式。第四是散户养殖的模式。目前集约化和规模化模式主要有“公司＋农户”“公司＋基地＋农户”等组织形式。生态肉鸡养殖模式主要是采用专业户和散养模式。目前肉鸡各模式采取的养殖方式主要是平养，平养又可分为地面平养和离地网上平养两种，饲养户要根据自身经济和物质条件，选择一种最适当的养殖模式和饲养方式。

“公司+农户”的基本模式是公司给养殖户提供鸡苗、饲料、兽药、技术等（有的要收少量的风险抵押金），农户进行饲养，然后按保护价回收毛鸡。这种模式的特点是：①可以互惠互利，共同发展。公司省去了建造商品鸡舍和购买饲养设备的巨额费用，解决了公司资金短缺的难题，同时也便于企业扩大规模。②养殖户由于省去了肉鸡饲养生产中鸡苗和饲料这一主要的周转资金，同时又有公司在技术方面做后盾，而且公司按保护价收购，不存在卖鸡难的问题，避免了市场波动的风险，经济效益得到了保障，调动了广大养鸡户的积极性。③但由于饲养者是千家万户，素质参差不齐，饲养的场所又七零八落，农户分散，公司不容易达到对农户的统一管理，容易产生问题。目前此种模式还有一些问题需要解决。

所谓“公司+基地+农户”，就是由龙头企业公司投入一定量的人力、物力，筹建肉鸡生产示范基地，由基地带动农户加盟养殖经营，负责公司给加盟养殖户统一提供鸡苗、饲料、兽药，统一负责产前、产中、产后生产技术服务，统一按合同价回收加盟养殖户的肉鸡，加工后上市销售，完成商品流通。这种模式的特点是：①方便公司对基地和农户统一管理（即统一供应品种、统一供应生产资料、统一技术规程，统一指导、统一监督管理、统一收购、统一加工、统一销售），有利于提高肉鸡生产的产量和质量，有利于品牌战略的实施，进而更大限度地增加销售收入，获得更可观的经济效益，公司与农户互惠互利，共享收益。②由于大多数加盟养殖户都是在示范基地内养殖，统一建设鸡舍，统一养殖方案，统一管理，不易出现农户私自乱用药物，乱用饲料，不按规程进行养殖的现象。③采取这种模式，也便于技术的创新、推广和应用。公司利用雄厚的科研实力不断进行研究和创新，通过基地示范和统一的技术培训，给养殖户提供产前、产中和产后的技术服务，不断提高养殖户的饲养管理水平，提高养殖户的收益的同时也提高了公司的利润。

42. 雏鸡饲养管理应注意哪些问题？

(1) 防治雏鸡脱水　①雏鸡出壳后在出雏器内不能滞留过长时间。②出雏室内温度以 25 ℃为宜。③雏鸡从出壳运到育雏舍所需时间越短越好。④雏鸡在运输过程中注意温度调控及通风，因为高温环境中运输鸡苗，由于温度高，鸡只又饮不到水而极易使鸡苗脱水死亡；育雏舍内温、湿度要适宜并保证雏鸡随时饮到清洁干净的饮水。⑤鸡苗一旦发生脱水时尽快将鸡苗搬入舍内，并适当推迟开食时间，增长饮水时间（开食前的饮水由正常的2～3 小时增至 3～4 小时）。鸡苗因长途运输遭到热应激时，饮水里加入 5%多维葡萄糖饮用 8 小时，也可饮用多维电解质水，即 0.5～1 克多维电解质/千克水饮 2 天。

(2) 雏鸡供料　雏鸡到达鸡舍时，不要急于点数，防止将雏鸡盒堆放在一起，特别是夏天如果堆放在一起，容易闷死雏鸡，应尽快将雏鸡放进育雏栏和保温伞下。

开食：让雏鸡饮温水 1～2 小时后再开始投喂饲料。将饲料撒在纸上或开食盘中，1 周以后可用食槽装料喂雏鸡。育雏期投放饲料时，要“少添勤喂”，并且每次添料时要清除纸上、开食盘中的粪便、剩料或垫料。鸡的品种不同，在育雏期采用的饲喂程序也有所不同，如：肉用种鸡要采用限制饲喂程序，而蛋鸡则不采用。

(3) 夏季防暑降温　进雏前，各项空间要计算好，防密饲，尤为在夏季育雏，密度过大会影响鸡群生长发育及整齐度。小鸡到达时尽快入舍，因长途运输等原因造成热应激时，可饮电解质水：0.5～1 克/千克多维电解质，水饮 2 天。

育雏期间最关键的技术是温度，前一周32～35℃，每周下降2～3℃，直至21℃。一般来说，白天温度能达到育雏要求，但在阴雨天或夜间温度会降低，因而会因温差对雏鸡造成不利影响，所以即使在炎热夏天育雏也要切实做好供热设备的保证工作，以使舍内温度达到雏鸡要求。在舍温超过雏鸡标准时，要开通风设备，适当通风，但不要使风直接吹到鸡体上，同时随时做好鸡只的扩群（扩栏）以降低饲养密度。炎热夏季育雏时，由于外界温度较高，造成舍内温度也较高，从而难以控制符合鸡只需要的温度，尤其是无良好通风设备的鸡场，此问题表现得更为突出。在高温的环境中，鸡只为保证正常代谢需饮用较多的水，因而饲养者要注重水质管理，加强饮水消毒并保证饮用水的洁净，以控制细菌病和病毒病的传播。

（4）冬季育雏防寒保暖　在寒冷冬季育雏时，需注意加强水质管理及鸡舍巡视等工作外，重点就是做好舍内保温并处理好保温与通风的矛盾问题。

初生雏鸡体温比成年鸡要低，稀短的绒毛保温能力差，采食量小，1周以后体温才逐渐接近成年鸡的水平，到3周龄以后体温才稳定下来。在此之前，雏鸡对外界温度的变化很敏感，温度过低，或忽冷忽热，容易受凉，造成拉稀。因此根据日龄为雏鸡提供适宜的温度环境。头两周育雏舍的温度起码不能低于24℃。

无论如何，第一周的温度一定要高些（育雏温度标准为：第一周32～35℃，以后每周降低2～3℃，直至18～20℃）。而且在任何情况下，不能使舍温大起大落。在保持适宜温度的前提下，提供较高的局部温度（即温差育雏法）较为理想，因为在此情况下，壮雏、弱雏均能寻找到最适宜的环境温度。第一周平养的雏鸡，要用隔板（护围）把雏鸡圈在热源附近，以利保温，随雏鸡日龄增长，雏鸡体温上升，羽毛丰满，采食量增加，体温调节机能增强，可以把隔板（护围）撤去。

育雏温度是否适宜的客观指标，是雏鸡的行为状态。通常通过仔细观察雏鸡状态，可以判断育雏舍温度是否适宜。例如：雏鸡群挤在热源附近，颤抖，发出阵阵怕冷的“唧唧”声，就表明温度低，应尽快升温；如果雏鸡远离热源，张嘴、频频饮水，就表明温度过高，应设法降温；如果鸡群活动分散自如，采食后很快休息，最好的姿势是伸腿侧卧，给人一种舒服感觉，则说明温度适宜。

人们往往只注意温度而忽视湿度，在高温的条件下，光靠饮水远远不够，为使雏鸡保持水灵的羽被，可以向地面洒水或炉子上放水盆等措施调节相对湿度。一般来讲，舍内相对湿度不要低于40%，也不要超过70%，因为高湿情况下，雏鸡散热困难，同时过湿的垫料易引起球虫病。

冬季育雏除需重视保温之外还要重视通风。保温与通风这是一对矛盾，由于雏鸡长得快，代谢能力强，每天排出大量二氧化碳，粪便发酵产生大量的硫化氢和氨气，如果排风不足，则不能输入氧气，而且大量有害气体如氨气被吸附在雏鸡眼结膜而至发炎，氨气还可麻痹呼吸道纤毛或损害其黏膜上皮，使病原微生物易于侵入，从而使鸡体对疾病的抵抗力下降，同时氨气被吸入肺部很容易通过肺泡进入血液，进入血液后与血红蛋白结合，破坏血液的运氧能力而至贫血。鉴于上述情况，无窗鸡舍要定期开风机通风换气，有窗鸡舍要根据密度大小，有害气体气味浓度的大小等因素来决定开关门窗次数，以达到既能保持舍内空气新鲜，又能保持舍内温度的目的，以利于雏鸡健康的生长。

（5）调控湿度 10日龄前相对湿度60%～70%，10日龄后40%～60%。若湿度太低，使舍内过于干燥而增大粉尘，易诱发呼吸道疾病，若湿度过大，则机体呼吸困难，不利于机体排热，同时垫料过湿，易诱发球虫病。

（6）雏鸡断喙 断喙断得好可以防止啄羽啄肛，并减少饲料的浪费，但若断不好，不但得不到好处，反而会弄坏鸡群的整齐度或感染细菌性疾病。断喙时要公母雏分开断，公雏通常较小，先断母雏再断公雏。建议在6～8日龄时进行，选择适合喙形的孔径，从鼻孔下边缘到喙尖的一半处（约2毫米）垂直段落（不得斜断），一般怕断喙影响公鸡以后的受精率，所以都把公雏的喙断得稍微比母雏要少。为防止断喙出血，应在断喙中及前后各一天饮用维生素K等，到了6～8周龄时应再检查一次，必要时还得再修剪或补剪。

43. 如何培育羔羊？

（1）吃好初乳 初乳（母羊产后5天内分泌的乳汁）黏稠，含有丰富的蛋白质、维生素、矿物质等营养物质，其中镁盐有促进胃肠蠕动，排出胎粪的功能。更重要的是初乳中含有大量抗体，而羔羊本身尚不能产生抗体，初乳作为羔羊获取抗体、抵抗外界病菌侵袭的唯一来源，就显得更加必要了。因此，及时吃到初乳是提高羔羊抵抗力和成活率的关键措施之一。初生羔羊要保证在30分钟内吃到初乳，由于母羊产后无奶或母羊产后死亡等情况，吃不到自己母羊初乳的羔羊，也要让它吃到别的母羊的初乳，否则很难成活。

（2）及早补饲 初生羔羊消化能力差，只能利用母乳维持生长需要，但是母羊泌乳量随着羔羊的快速生长而逐渐下降，不能满足羔羊的营养需要。补料是提高羔羊断奶重，增强抗病力，提高成活率的关键措施。

必须在羔羊出生后15～20天开始补充饲草、饲料，以促使消化功能的完善。哺乳期的羔羊应喂一些鲜嫩草或优质青干草，补饲的精料要营养全面、易消化吸收、适口性好，经过粉碎处理。饲喂时要少给、勤添、不剩料。补饲多汁饲料时要切碎，并与精料混拌后饲喂。根据羔羊的生长情况逐渐增加补料量，每只羔羊在整个哺乳期需补精料10～15千克，混合精料一般由玉米（50%）、麦麸（18%）、豆粕饼（15%）、棉籽粕（饼）（15%）和2%左右的矿物质、维生素组成。补饲的饲草、饲料可以绑成草辫悬在圈内或放在草架上，自由采食。

（3）防寒保暖　初生羔羊体温调节能力差，对外界温度变化非常敏感，必须做好冬羔和早春羔保温防寒工作。首先羔羊出生后，让母羊尽快舔干羔羊身上的黏液，如果母羊不愿舔，要及时用干净抹布擦干。其次冬季应有取暖设备，地面铺垫柔软的干草、麦秸以御寒保温，羔羊舍温度要保持在5℃以上。

（4）羔羊断奶　羔羊断奶的时间一般在3个月左右，根据羔羊能否独立采食草料确定断奶时间。条件好的羊场频密繁殖时，可在1.5～2月龄断奶；而饲养条件差的羊场不适合过早断奶。羔羊断奶分一次性断奶和逐渐断奶两种。一般多采用一次性断奶法，即将母仔一次断然分开，不再接触。突然断奶对羔羊是一个较大的刺激，要尽量减少羔羊生活环境的改变，采取断奶不离圈、不离群的方法，将母羊赶走，羔羊留在原圈饲养，保持原来的环境和饲料。断奶后的羔羊要加强补饲，安全度过断奶关。

（5）断尾　肉羊业中羔羊的断尾主要是在肉用绵羊品种公羊同当地的母绵羊杂交所生的杂交羔羊，或是利用半细毛羊品种来发展肉羊生产的羔羊，其羔羊均有一条细长尾巴。为避免粪尿污染羊毛，或夏季苍蝇在母羊外阴部下蛆而感染疾病和便于母羊配种，而需要断尾。断尾在羔羊生后10天内进行，此期尾部血管较细，不易出血。

（6）去角　去角的目的是防止成年后相互争斗带来的伤亡和流产，同时也可减少饲槽占用面积，易于管理。去角时间最好选择在产后7～14日龄，且体况良好又健康无病的羔羊。其方法有外科手术法、电灼法和碱棒法，以电灼法最为实用方便。

（7）公羊去势　不作为种用的公羊，都要及时去势。在育种场，非种用杂种小公羊也应一律去势。去势后的公羊性情温驯，管理方便，容易育肥，肉味鲜美。小公羊的去势，选择在出生后15～30 天为宜。过早去势困难，过晚出血太多。去势的方法很多，以刀阉法效果可靠，结扎法简单适用。

44. 育成羊应如何饲养管理?

育成羊是指断奶后至第一次配种前的幼龄羊。羔羊断奶后的前 3～4 个月生长发育快，增重强度大，对饲养条件要求高，当营养条件良好时，日增重可达 200～300 克左右。8 月龄后，羔羊的生长发育强度逐渐下降，到 1.5 岁时生长基本趋于成熟。因此，在生产中一般将育成羊分育成前期（4～8 月龄）和育成后期（9～18 月龄）两个阶段进行饲养。

(1) 育成前期 育成前期尤其是刚断奶不久的羔羊，生长发育快，瘤胃容积有限且机能不完善，对粗料的利用能力差。这一阶段饲养的好坏，直接影响羊的体格大小、体型和成年后的生产性能，必须引起高度重视。应按羔羊的平均日增重及体重，依据饲养标准，提供合适营养水平的日粮。因此，育成前期羊的饲养应以精料为主，适当补饲优质青、粗饲料或选用优良放牧地完成。

(2) 育成后期 育成后期羊的瘤胃消化机能趋于完善，可以采食大量的牧草和农作物秸秆。这一阶段，育成羊可以放牧为主，结合补饲少量的混合精料或优质青干草进行饲养。育成羊在配种前应安排在优质草场放牧或适当补喂混合精料，使其保持良好的体况，力争满膘，迎接配种。当年的第一个越冬度春期，一定要搞好补饲，首先保证足够的干草或秸秆，在放牧的条件下，每羊每日补饲混合精料 200～300 克。

45. 成年母羊应如何饲养管理?

对于养殖场内的能繁母羊群，要求一直保持较好的饲养管理条件，以完成配种、妊娠、哺乳和提高生产性能等任务。母羊的饲养管理包括空怀期、妊娠期和哺乳期三个阶段。

(1) 空怀期的饲养管理 空怀期是指羔羊断奶到配种受胎时期。这个时期的母羊主要是尽快恢复体况。此期的营养好坏可直接影响到体况恢复、配种和后期的妊娠状况。为此，应在配种前1个月按饲养标准配制日粮进行短期优饲，优饲日粮应逐渐减少，如果受精卵着床期间营养水平骤然下降，会导致胚胎死亡。但也要注意，不能造成母羊营养过剩，容易造成母羊的发情推迟或者怀孕困难。

(2) 妊娠期的饲养管理 母羊妊娠期良好的饲养管理对提高其繁殖力和生产性能起着重要的作用。母羊的妊娠期平均为150天，分为妊娠前期和妊娠后期，妊娠前期90天，妊娠后期60天。

妊娠前期胎儿绝对生长速度较慢，所增加的体重只占羔羊出生重的10%，所以这个时期母羊所需的营养少，但要避免吃霉烂变质的饲料，不要让羊猛跑，不饮冰茬水，以防早期隐性流产。

妊娠后期是妊娠的最后两个月，此期胎儿生长迅速，90%的初生重在此期完成。此期的营养水平至关重要，它关系到胎儿发育、羔羊初生重、母羊产后泌乳力、羔羊出生后生长发育速度及母羊下一繁殖周期的生产性能。因此在该期热代谢水平比空怀高17%～25%，蛋白质的需要量也增加。妊娠后期母羊每日可沉积20克蛋白质，加上维持所需，每天必须由饲料中供给可消化粗蛋白质40克。整个妊娠期蛋白质的蓄积量为1.8～2.3千克，其中80%是在妊娠后期蓄积的。妊娠后期每日沉积钙、磷量为3.8克和1.5克。因此妊娠后期的饲养标准应比前期每天增加饲料单位30%～40%，增加可消化蛋白质40%～60%，增加钙、磷1～2倍。但值得注意的是此期母羊如果养得过肥，也易出现食欲不振，反而使胎儿营养不良。

(3) 哺乳期的饲养管理 哺乳期大约90天，一般将哺乳期划分为哺乳前期和哺乳后期。哺乳前期是羔羊生后前两个月，其营养来源主要靠母乳。测定表明，羔羊每增重1千克需耗母乳5～6千克，为满足羔羊快速生长发育的需要，必须提高母羊的营养水平，提高泌乳量。饲料应尽可能多提供优质干草、青贮料及多汁饲料，饮水要充足。

母羊泌乳量一般在产后30～40天达到最高峰，50～60天后开始下降，同时羔羊采食能力增强，对母乳的依赖性降低。因此，应逐渐减少母羊的日粮给量，逐步过渡到空怀母羊日粮标准。

46. 种公羊应如何饲养管理？

种公羊在提高母羊群的生产能力以及羊场综合经济效益等方面起着重要作用。因此，必须加强和重视种公羊的饲养管理工作。种公羊要求体质结实、保持中上等膘情、性欲旺盛、精液品质好。种公羊管理上采用单独组群饲养的办法，避免公母羊混群，并且要保证充足的运动量。种公羊的饲养管理分为配种期和非配种期两个不同的时期。

(1) 配种期种公羊的饲养管理

饲养要点 据研究，配种期每生产1毫升的精液，需可消化粗蛋白质50克。此外，激素和各种腺体的分泌物以及生殖器官的组成也离不开蛋白质，同时维生素A和维生素E与精子的活力和精液品质有关。只有保证种公羊充足的营养供应，才能使其性欲旺盛，精子密度大、活力强，母羊受胎率高。一般应从配种预备期（配种前1～1.5个月）开始增加精料给量，一般为配种期饲养标准的60%～70%，然后逐渐增加到配种期的标准。同时在配种预备期采精10～15次，检验精液品质，以确定其利用强度。

在配种期内，体重 80～90 千克的种公羊，每天需要 2 千克以上的饲料单位、250 克以上的可消化蛋白质，并且根据日采精次数的多少，相应地调整常规饲料及其所需饲料（如牛奶、鸡蛋等）的定额。一般可按混合精料 1.2～1.4 千克、青干草 2 千克、胡萝卜 0.5～1.5 千克、食盐 15～20 克、磷酸氢钙 5～10 克的标准喂给。

为进一步提高公羊的射精量和精液品质，可在配种前一个月，在精料中添加二氢吡啶，每天用量 100 毫克/千克，一次性喂给，直至配种结束。

管理要点 种公羊在配种前 1～1.5 个月开始采精，同时检查精液品质。开始时一周可采精一次，以后增加到每周 2 次，然后 2 天采一次，到配种时每天可采 1～2 次。对小于 18 月龄的种公羊一天内采精不得超过 2 次，且不要连续采精；2 岁半以上的种公羊每天采精 3～4 次，最多 5～6 次。采精次数多时，每次间隔需在 2 小时左右，使种公羊有休息时间。公羊采精前不宜吃得过饱。对精液密度较低的种公羊，日粮中可加一些动物性蛋白质，如鸡蛋、牛奶等，同时要加强运动，特别是对精子活力较差的种公羊加强运动。对于运动量不足的种公羊，每天早上可定时、定距离和定速度增加运动量。种公羊的具体管理日程，可根据场部具体情况安排。

（2）非配种期种公羊的饲养 种公羊在非配种季节的饲养管理仍然不能忽视。非配种季节要保证种公羊热能、蛋白质、维生素和矿物质等的充分供给以及足够的运动量。一般来说，在早春和冬季没有配种任务时，体重 80～90 千克的种公羊，每天需 1.5 千克左右的饲料单位、150 克左右的可消化蛋白质。

47. 犊牛如何饲养管理？

（1）初生犊牛护理

清除黏液 犊牛出生后，首先清除犊牛口鼻中的黏液，确保犊牛呼吸；如果不呼吸，可倒提小牛控几秒钟使黏液流出后，放平小牛，交替挤压和放松犊牛胸部，进行人工辅助呼吸；也可用一稻草或手指搔挠小牛鼻孔，刺激小牛呼吸。

脐带消毒 一般残留的犊牛脐带应小于10厘米（6～10厘米），若脐带过长应用消毒后的剪刀剪至10厘米以下。挤干净脐带内的血液后，用10%的碘酒浸泡消毒。脐带处理完毕，擦干犊牛身上的水分，对小牛进行称重、编号后，放入犊牛笼，单独饲养。

饲喂初乳 初乳富含免疫球蛋白，犊牛无法通过胎盘获取免疫球蛋白，必须通过初乳获得抗体，建立被动免疫系统。因此新生犊牛应在出生后2小时内饲喂优质初乳，饲喂量为3～4千克，温度为（38±1)℃。如果犊牛吃不下足够的初乳，可使用干净卫生的食管饲喂器进行强制灌服初乳。出生后前3天哺喂初乳，3天后逐渐过渡到饲喂常乳。

初乳质量要求 干奶天数在60天左右且为经产牛所产；不稀薄成水样；无乳腺炎且不是血奶。可使用初乳测定仪来检测，是比较方便快捷的方法。对不符合初乳质量母牛所生犊牛，可用冷冻初乳替代，即将平时剩余优质初乳进行冰冻保存，使用时，用50℃水浴加热至温度为（38±1)℃后灌服。

（2）犊牛哺乳方案 哺乳期为40天，全期喂奶量234.5千克，每日喂3次，每次喂量约为全天总量的1/3。

控制好出生后几周牛奶的温度非常重要，牛奶温度影响食管沟的封闭状况，冷牛奶比热牛奶更容易进入瘤胃，因而饲喂冷牛奶比热牛奶更容易引起犊牛的消化紊乱。严禁用热水调节牛奶的温度，对于常乳可用直接加热至（38±1)℃后饲喂；对于含抗生素牛奶一定要加热至100℃降低抗生素残留，再用凉奶进行调温。

（3）开食料的饲喂 犊牛出生后4天，即可训练采食开食料。为让犊牛尽快熟悉开食料，可在牛奶中混入，诱导犊牛采食；采食粗糙的犊牛开食料是促使犊牛瘤胃发育的主要手段，而不是干草。

在犊牛 90 日龄以前，应主要饲喂犊牛开食料；在 90～120 日龄以犊牛开食料为基础，加入犊牛混合料进行换料过渡，每天可以投给 0.5 千克优质苜蓿；120 天以后犊牛开食料、犊牛混合料各 1.5 千克，每天投给 1 千克的优质苜蓿和 5 千克泌乳前期 TMR 料。在犊牛哺乳期，严禁饲喂青贮类发酵饲料。

（4）过度与断奶　从犊牛 36 日龄开始，进一步降低牛奶的饲喂量，增加开食料采食量，尽量减少应激，为犊牛的断奶做准备。

犊牛出生 35 日龄测量开食料日采食量。连续 3 天开食料日采食量达到 1 千克以上，方可准备 40 日龄断奶；若到 37 日龄开食料日采食量还不能达到 1 千克以上，应减少哺乳量以促使增加开食料的采食量。当犊牛的开食料日采食量达到 1 千克以上的时候，可通过减少液态奶的饲喂量逐步断奶；在 40 天左右彻底断奶，不要在极端的天气或气温突然变化的情况下断奶。要保证断奶犊牛能随时吃上犊牛混合料和洁净的饮水。断奶后，单独饲喂一周左右后调入小圈，适应群居生活。

（5）犊牛的日常管理

卫生　犊牛岛每天清理，保证清洁干燥；每周用 50 倍的二氧化氯带畜消毒两次。犊牛转移到其他牛舍后，对犊牛岛彻底清理干净后，使用 2%的火碱（NaOH）消毒；并空圈 7～10 天将犊牛岛晾干。喂奶用具，每次用后都要进行清洗，使用 200 倍二氧化氯浸泡消毒。

健康观察　要牢记健康的小牛通常都处于饥饿状态，食欲缺乏是不健康的征兆。每天 3 次观察犊牛的食欲和粪便情况。一旦有疾病征兆就应该测量小牛的体温。正常犊牛的体温为 38.5～39.2 ℃，当体温高达 40.5 ℃以上时，要对小牛进行处理。

饮水　犊牛出生后就可以饮水，通常在喂奶完成后的 1 小时，用消过毒的水桶盛放适量的温水供犊牛饮用，在饮水开始的几天，要控制犊牛的饮水量，待犊牛习惯后可放开自由饮用。每次喂奶前都要将水桶消毒清洗并晾干。

水塔新放出的水在30℃左右，一般在每年的2月底至12月初，这段时间可以饮用干净、清洁的自来水；在寒冷的冬季，需要将自来水冲兑一部分热水至35℃左右，以免造成犊牛的冷应激。

犊牛去角 一般情况下犊牛去角工作应安排在2周龄前后。去角办法有多种，一般采用电烙铁烙的办法为好。

犊牛去副乳头 一般正常的奶牛有4个乳头，但是有的牛一出生就有5个或6个乳头。多出的乳头不但影响挤乳时的卫生，而且破坏了挤乳，因此应将多余的副乳头剪除。剪除多余的副乳头要选好时间，一般选在犊牛出生时进行较为宜。首先将犊牛副乳头周围的皮肤用温水洗净，然后用酒精进行消毒。将所用的剪刀在酒精中浸泡10分钟左右，这时将副乳头轻轻地向下拉；然后在连接乳房处用消过毒的剪刀将其迅速剪下，剪除后在伤口处用10％的碘酒涂擦消毒。

记录与报表 在犊牛生长过程中所发生的事件（如：去角、开食料采食达到1千克以上日期、断奶日期、注射疫苗、疾病治疗、转群等），要认真做好详细记录，每天上报技术室。在犊牛岛单栏饲养时，认真做好事件发生日期的标记。以便于日常饲养管理。

48. 育成牛如何饲养管理？

犊牛满6个月龄从犊牛舍转入育成牛舍，进入育成牛培育阶段。育成牛根据生长发育及生理特点采取阶段饲养，分群管理，可分为第一阶段（7～12月龄是乳腺形成的关键时期）和第二阶段（13～15月龄是瘤胃快速发育、体况快速发育阶段）。

其饲养要点是：日粮以粗饲料为主，混合精料每天2～2.5

千克。日粮蛋白水平达到13%～14%；选用中等质量的干草，培养耐粗饲性能，增进瘤胃机能。管理方面的要点是，保证充足新鲜的饲料供应，以非TMR日粮饲喂时，注意精饲料投放的均匀度，饲养方式采取散放饲养，自由采食的模式，保证犊牛充足、新鲜、清洁卫生的饮水，冬季饮温水，此阶段的奶牛生长发育迅速，合理的日粮供给，有助于乳腺及生殖器官的发育，保证达到相应的月龄体尺体重指标。育成牛的培育是犊牛培育的继续，虽然育成阶段饲养管理相对犊牛阶段来讲粗放些，但决不意味着这一阶段可以马马虎虎，这一阶段在体型、体重、产奶性能及适应性的培育上比犊牛期更为重要，尤其在早期断奶的情况下，犊牛阶段因减少奶量对体重造成的影响，需要在这个时期加以补偿。如果此期培育措施不得力，那么达到配种体重年龄就会推迟，进而推迟了初次产犊的年龄，如果按预定年龄配种，那么会导致终生体重不足；同时，若此期培育措施不得力，对体型结构、终生产奶性能的影响也是很大的。

此阶段的培育目标是达到参配体重（360～380千克），注重体高、腹围的增长，保持适宜体膘。注意观察发情，做好发情记录，以便适时配种。同时，坚持乳房按摩对乳房外感受器施行按摩刺激，能显著地促进乳腺发育，提高产奶量，以免产犊后出现抗拒挤奶现象，每次按摩时间以5～10分钟为宜。

49. 青年牛如何饲养管理？

按月龄和妊娠情况，可分为以下几个阶段：16～18月龄、19月龄至预产前60天、预产前60天至预产前21天、预产前21天至分娩。根据不同阶段生理特点进行分段饲养。

（1）16～18月龄　日粮以粗饲料为主，选用中等质量的粗饲料，混合精料每头日2.5千克。日粮蛋白水平达到12%。

（2）19月龄至预产前60天　日粮干物质进食量控制在11～

12千克，以中等质量的粗饲料为主。混合精料每头日2.5～3千克，日粮粗蛋白水平12%～13%。

(3) 预产前60天至预产前21天 日粮干物质进食量控制在10～11千克，以中等质量的粗饲料为主，日粮粗蛋白水平14%，混合精料每头日3千克。

(4) 预产前21天至分娩 该阶段奶牛的饲养水平近似于成母牛干奶前期。采用过渡饲养方式，日粮干物质进食量10～11千克，日粮粗蛋白水平14.5%，混合精料每头日4.5千克左右。

青年牛的饲养模式为散放饲养、自由采食，这一阶段奶牛处于初配或妊娠早期，做好发情鉴定、配种、妊检等繁殖记录。根据体膘状况、胎儿发育阶段，按营养需要掌握精料给量，防止过肥，产前采用低钙日粮，减少苜蓿等高钙饲料喂量，控制食盐喂量，观察乳腺发育，减少牛只调动，保持圈舍、产间干燥、清洁，严格消毒程序，注意观察牛只临产症状，做好分娩前的准备工作，以自然分娩为主，掌握适时、适当的助产方法。

50. 泌乳期奶牛如何饲养管理？

(1) 泌乳早期（分娩至产后21天） 这个时期母牛刚刚分娩，机体较弱，消化机能减退，产道尚未复原，乳房水肿尚未完全消失，因此，此期应以恢复母牛健康为主，不得过早催奶。否则大量挤奶极易引起产后疾病，因此，在产后4天内不挤空牛奶，15天内集中饲养进行康复，一个月内不进行催乳。

泌乳早期视食欲、消化、恶露、乳房情况每日增加0.5千克精饲料，自由采食干草。提高日粮含钙量。喂TMR日粮，应按泌乳牛日粮配方供给，并根据食欲状况逐渐增加。此阶段也称为围产后期，应让牛只尽快提高采食量，适应泌乳日粮，排出恶露，于产后第二天子宫内投泡腾酸类药物，如盐酸泡腾酸片，以尽快恢复繁殖机能。应把握产前、产后日粮转换，保证牛只的正常分娩和繁殖机能的尽快恢复。

牛只在产房期间应加强管理，健全产房管理制度。产房昼夜设专人值班；产房要保持安静，环境卫生干净。根据预产期做好产房的清洗消毒和产前准备工作。产前1～6小时进入产间，消毒后躯。正常情况下，让其自然分娩，如需助产时，要严格消毒手臂和器械。产后饮麸皮、红糖、盐水，清理消毒产间，更换褥草，请兽医检查牛体并于产后立即补糖、补钙以预防产乳热和酮病。可投服特效钙每日一瓶，连投3日。母牛产后30分钟到1小时内挤第一次奶，挤2～3千克，如果没有乳房炎，从第二班开始，可以上机挤奶。母牛分娩后胎衣8小时左右自行脱落，如24小时内不脱落，不可强行拖拉，对体弱和老龄母牛可肌内注射催产素或与葡萄糖混合作静脉注射，效果较好，但剂量为肌内注射的1/4，以促使子宫收缩，尽早排出胎衣。产后不能将乳汁全部挤净，否则由于乳房内压显著降低，微血管渗出现象加剧，会引起高产乳牛产后瘫痪。一般产后第一天每次只挤奶2千克左右，第二天挤乳量的1/3，第三天挤1/2，第四天后方可挤净。分娩后乳房水肿严重，要加强乳房的热敷和按摩，并注意运动，促进乳房消肿。

（2）泌乳盛期的饲养管理（产后21～100天） 泌乳盛期是指产后21～100天，该阶段以保证瘤胃健康为基础。此期体质恢复，消化机能正常，产乳量增加甚快，约占全期泌乳量的40%，可谓黄金泌乳阶段。高产奶牛采食高峰迟6～8周，这就不可避免出现“营养空档”，而且不能完全弥补，在这个时期内奶牛不得不动用体贮备来满足产奶需要，泌乳头8周体重损失25千克是常常发生的，大约每失重1千克可满足生产3千克奶的能量，1.5千克奶的蛋白质需要，看来蛋白质成为第一限制因素，增加营养可以减少空档，使失重控制在合理范围内，现在提倡的“挑战饲养”或“预支饲养”就是在泌乳盛期，除供给满足维持和泌乳的营养需要外，还额外多给精料，只要产奶量能随精料增加而继续上升就继续增料（比实际产奶量高 3～5 千克所需的营养）直到增料不增奶时，才将多余的料减下来，减料要比加料慢些。

具体操作是从产前 2 周开始，直至产犊后泌乳达到高峰，逐渐增喂精料，到临产时喂量不得超过体重的 1%为限。分娩后 3～4 天起，逐渐增喂精料，每天增加 0.5 千克。直至泌乳高峰精料不超过日粮干物质的 65%为止。整个引导饲养期必须提供优质干草和青贮，日粮粗纤维大于 15%，以保证瘤胃发酵正常和乳脂率正常，同时补充丰富的钙、磷源饲料。此期的精：粗＝60：40。

日粮干物质应由占体重的 2.5%～3%逐渐增加到 3.5%以上，每千克干物质应含奶牛能量单位 2.4，粗蛋白占 16%～18%，钙 0.7%，磷 0.45%，精粗比由 40：60 逐渐改为65：35，粗纤维含量不少于 15%。注意饲喂优质干草，对减重严重的牛添加脂肪，增加过瘤胃蛋白（Undegraded intake protein，UIP）喂量，并补喂添加剂维生素 A、维生素 D 添加剂。为保证瘤胃内环境平衡，可以饲喂缓冲剂。应饲喂高能量饲料，使奶牛尽量采食较多的干物质。可适当增加饲喂次数，运动场采食槽应有充足新鲜的干草等补充料。在管理上，应尽快使牛只达到产奶高峰，保持旺盛的食欲，减少体况负平衡，搞好产后监控，及时配种。

(3) 泌乳中期的饲养管理 产后 100～200 天，干物质采食量达到最高峰，之后平稳下降，产奶量逐月下降，体重开始逐渐恢复。同样注意日粮的多样化、全价性、加强运动、逐渐减少精料，尽量使牛采食较多的粗料。精：粗＝40：60。日粮干物质应占体重 3.0%～3.2%，每千克含奶牛能量单位 2.13，粗蛋白 13%，钙 0.45%，磷 0.35%，精粗比为 40：60，粗纤维不少于 17%，在日粮中适当降低能量、蛋白含量，增加青粗饲料，此阶段奶量渐减（月下降幅度为 5%～7%），以料跟着奶走，精料可渐减，延至第 5～6 泌乳月时，精粗比为（50～45）：(50～55)，应尽量延长奶牛的泌乳高峰。该阶段为奶牛的能量正平衡，体况恢复，每日有 0.25～0.5 千克的增重。

(4) 泌乳后期的饲养管理（产后 201 天至停奶）　产后 201 天至干奶前，除按饲养标准满足营养需要外，对体况消瘦的母牛还要加强营养，尽快恢复已失去的体重（比盛乳期体重增加 10%～15%），但应防止体况过肥，以免难产及导致其他一些疾病的发生。泌乳期恢复体况比干乳期经济、安全。

日粮干物质应占体重的 3.0%～3.2%，每千克含奶牛能量单位 2.00，粗蛋白占 12%，钙 0.45%，磷 0.35%，精粗比为 30∶70，粗纤维含量不少于 20%。调控好精料数量，防止奶牛过肥，停奶时应在 3.5 分。该阶段应以恢复牛只体况为主，体况应保持 3.0～3.5 分。加强管理，预防流产。做好停奶工作，为下胎泌乳打好基础。

51. 干奶期奶牛如何饲养管理?

(1) 干奶前期（停奶至产前 21 天）　干奶前期是控制、预防产后许多容易出现的问题的关键时期，应控制低钾、低钠、低钙日粮，调节维持体内酸碱和离子平衡。日粮应以粗料为主，日粮干物质进食占体重的 2%～2.5%，每千克干物质应含奶牛能量单位 1.75，粗蛋白水平 12%～13%，精粗比 30∶70，以中等质量的粗饲料为主。混合精料每头日 2.5～3 千克。停奶前 10 天，应进行妊检和隐性乳房炎检测，确定怀孕和乳房正常后方可进行停奶。配合停奶应调整日粮，逐渐减少精料给量，停奶采用快速停奶法，最后一次将奶挤净，用酒精将乳头消毒后，注入专用干奶药，转入干奶牛群，并注意观察乳房变化，此阶段饲养管理的目的是调节奶牛体况，维护胎儿发育，使乳腺和机体得以休整，为下一个泌乳期做准备，奶牛体况应处于 3.5～3.75 分，可根据个体不同体况，增减精料喂量，控制饲喂食盐苜蓿，运动场不设补盐槽。对体况仍不良的高产乳牛要进行较丰富的饲养，提高其营养水平，使它在产前具有中上等体况，即体重比泌乳盛期一般要提高10%～15%，母牛具有这样的体况，才能保证正常分娩和在下一次泌乳期获得更高的产乳量。对于体况良好的干乳母牛，一般只给予优质粗饲料即可，对营养不良的干乳母牛除给予优质粗饲料外，还要加喂精饲料，以提高其营养水平，一般可按每天产10～15千克乳所需的饲养标准进行饲喂，日给8～10千克优质干草、15～20千克多汁饲料（其中品质优良的青贮料约占一半以上）和3～4千克混合精料，粗饲料及多汁饲料不宜喂得过多，以免压迫胎儿，引起早产。

（2）干奶后期（产前21天至分娩） 日粮应以优质干草为主，日粮干物质应占体重的2.5%～3%，每千克日粮干物质含奶牛能量单位2.00，粗蛋白占13%，含钙0.2%，磷0.3%，不补喂食盐，此段时间为围产前期，应保持体况3.54～3.75，防止生殖道和乳腺感染以及代谢病发生。管理上应做好产前的一切准备工作，随时注意牛只状况，产前7天开始药浴乳头，每天2次，不能试挤。干乳的最后半个月，在母牛的日粮中应提高营养水平，以准备即将来临的泌乳。尤其对于高产母牛喂给的精料水平更要高些。

母牛在产前4～7天，乳房过度膨胀或水肿过大时，可适当减少或停喂精饲料及多汁料，如乳房不硬，则可照常饲喂各种饲料。产前2～3天，日粮中应加入小麦麸等轻泻性饲料，防止便秘。对于干乳母牛，不仅应适当增加饲料的数量，尤其要注意饲料的质量，必须新鲜清洁，质地良好；冬天不可饮过冷的水（水温以15～16℃为宜）、饲喂冰冻的块根饲料以及腐败霉烂的饲料或掺有麦角、霉菌、毒草的饲料，以免引起流产、难产及胎衣滞留等疾患。

干乳母牛每天要有适当的运动，但要与其他母牛分群放养，以免相互挤拦，发生流产。冬天可视天气情况，每天赶出运动2～4小时，产前停止运动，母牛在妊娠期中，易生皮垢，每天应强制刷拭，促进代谢。此外，可在干乳后10天左右开始对干乳牛乳房进行按摩，每天一次，促进乳腺发育，以利分娩后泌乳，产前10天左右停止按摩。饲料精粗比为25∶75。

52. 规范的挤奶操作规程是什么？

(1) 挤奶开始前逐一对每头牛每个乳区作乳房炎检查，一旦发现及时予以隔离，防止发生交叉污染。

(2) 奶牛进入操作间后应先清除牛体粪便，再使用 40～45 ℃温水清洗、按摩、擦干乳房，做到一牛一条毛巾、一桶水，乳头严禁涂布润滑油脂。所用毛巾用后必须清洗干净并消毒备用。

(3) 挤奶前，应对乳头进行药浴消毒并人工挤掉前三把乳。

(4) 在清洁乳头后 90 秒内上杯，套入奶杯时，尽量避免大量空气吸入。

(5) 挤奶机在使用时应保持性能良好，送奶管道和盛奶容器使用后应及时清洗、消毒。

(6) 机器挤奶过程中，不要人为挤捏乳头和压集乳器。

(7) 在自动脱杯后，不要再重新套上；手工脱杯前要关闭真空泵。

(8) 挤奶结束脱杯后，应对乳头进行药浴消毒。

(9) 正常牛乳应为乳白或微带黄色，呈均匀的胶态流体，无沉淀、无凝块。

(10) 有下列情形之一的鲜奶不得收购：①不得含有肉眼可见的杂质和异物。② 不得有红色、绿色或其他异色。③不得有苦、涩、咸的滋味和饲料、青贮等其他异味。

(11) 病牛的奶，尤其是患乳房炎病牛的奶或使用抗生素后未过休药期的奶，应单独存放，另行处理。

53. 肉牛育肥方法有哪些？

肉牛按育肥对象可分为：乳犊育肥、犊牛育肥、幼龄牛强度育肥、架子牛育肥和成年牛育肥。

(1) 乳犊育肥又叫小白牛肉生产，指犊牛全部用全乳或代乳粉饲喂至3月龄左右出栏作肉食用的育肥方法（100～120日龄体重达100～150千克出栏）。

(2) 犊牛育肥又叫小牛肉生产，指犊牛出生后6～8个月，在特殊饲养条件下育肥至250千克时出栏屠宰的育肥方法。

(3) 持续育肥法又叫幼龄牛强度育肥、周岁牛育肥或直线育肥法，是指犊牛断奶后，立即转入育肥阶段进行育肥，一直保持很高的日增重，达到屠宰体重（12～18月龄，体重400～500千克）为止的育肥方法。

(4) 后期集中育肥又叫架子牛育肥或1.5～2.5岁牛育肥，对2岁左右未经育肥的或不够屠宰体况的牛，在较短时间内集中较多精料饲喂，让其增膘的育肥方法。如果这些牛是从牧区、山区以及外地购进的，则称“易地育肥”。

(5) 成年牛育肥又叫淘汰牛育肥，因各种原因而淘汰的乳用母牛、肉用母牛和役牛一般年龄较大，肉质较粗，膘情差，屠宰率低，因而经济价值较低。如在屠宰前用较高的营养水平进行2～4个月的育肥，不但可增加体重，还可改善肉质，大大提高其经济价值，这种淘汰牛在屠宰前所进行的育肥称成年牛育肥。

54. 如何选择育肥用架子牛？

(1) 疫病流行和计划免疫调查 从外地购牛时，一定要先要了解产地有无疫情，并作检疫。重点调查牛口蹄疫、黏膜病毒病、结核病、布鲁氏菌病、焦虫病等流行情况，计划免疫情况，确认无疫情时方可购买。

(2) 养殖环境调查 了解牛只原产地的气温、饲草料品种、饲料质量、气候等环境因素，做好与养殖地情况对比。一般宜从气温较高或过低、饲草料条件较差的产地调入，可以使牛只较快适应环境。

(3) 选购杂交牛 选购架子牛时，首先要选良种肉牛或肉乳兼用牛及其与本地牛的杂交牛，其次选荷斯坦公牛或荷斯坦公牛与本地牛的杂交后代。

(4) 性别的选择 不去势公牛的生长速度和饲料转化率均明显高于阉牛，且胴体的瘦肉多、脂肪少。母牛的肉质较好，肌纤维细嫩，柔嫩多汁，脂肪沉积较快，容易育肥。

(5) 选择适龄牛 最好选择1～2岁的牛进行育肥。如计划饲养3～5个月出售，应选购1～2岁的架子牛；秋天购买架子牛，第二年出栏，应选购1岁左右的牛；利用大量糟渣类饲料育肥时，选购2岁牛较好。

(6) 选购具有适宜体重的牛 一般杂交牛在一定的年龄阶段其体重范围大致为：6月龄体重120～200千克，12月龄体重180～250千克，18月龄体重220～310千克，24月龄体重280～380千克。

(7) 外貌的选择 外貌要符合品种特征，身体各部位结合紧凑，头小颈短，站姿标准，肩胛骨及肋骨开张较好，背腰坚强平坦，腹部紧凑不下垂，尻部宽平，肢蹄健康，被毛光亮。

(8) 健康状况观察 健康的架子牛双眼有神，呼吸有力，尾巴灵活，积极迎接饲养员。

55. 架子牛在运输过程中应注意哪些事项?

(1) 科学选择调运季节和气候 环境变化、两地气候间差异，常使牛的应激反应增强。长途运输引种时，宜选择春秋两季、风和日丽天气进行。冬夏两季运输牛群时，要做好防寒保暖和降暑工作。从北方向南方运牛应在秋冬两季进行，从南方向北方运牛应在春夏两季进行。密切注意天气预报，根据合适的气候情况决定运输时间。

(2) 运输工具 为安全运输工作，运输肉牛的汽车高度不要低于140厘米，装车不要太拥挤，肉牛少时，可用木杆等拦紧，减少开车和刹车时肉牛站不稳引发事故。一般大牛在前排，小牛在后排，若为铁板车厢时，应铺垫锯末、碎草等防滑物质。装车前不饲喂饼类、豆科草等易发酵饲料，少喂精料，肉牛半饱，饮水适当。车速合理、均速，转弯和停车均要先减速。运输过程中每小时检查 1 次，将躺下的牛赶起，防止被踩。肉牛运动超过 10 小时路途时，应中间休息 1 次，给牛饮水。夏季白天运牛要搭凉棚，冬天运牛要有挡风。

(3) 运输前准备 必须在购买地注射相关疫苗，隔离观察 15 天后方可装车。在隔离期间，一旦发现病弱牛要坚决剔除。

(4) 使用镇静强心类药物 为降低牛对外界刺激的敏感性，减少架子牛在运输途中应激反应，在运输前可给牛肌内注射氯丙嗪，在运输途中，每隔 12 小时注射 1 次，可使运输过程牛的体温少升高，心率少增加，呼吸少增加，运输过程中如果有弱牛、病牛出现无法站立，可采用绳子兜立法强行使之站立，特别严重的可注射尼可刹米。细心观察，到达目的地后及时进行治疗。

(5) 卸车 架子牛运到目的地后，要选择地势开阔平坦，有御牛台的场地御牛。千万不可选在水塘或污水沟附近御牛，否则，由于牛长途运输口渴跳进水塘或饮污水，造成损伤或生病。

56. 架子牛如何快速育肥?

根据牛的年龄体况，全期需要 100～200 天，分为前期、中期和后期三个阶段。

(1) 育肥前期 前期阶段也叫适应阶段，需要 20～30 天，让牛适应新的饲养环境，调理胃肠增进食欲。在此阶段进行必需的体内外的驱虫与健胃工作、编组、编号等项工作。

(2) 育肥中期 中期阶段也叫增体期，需 60～90 天，日粮中精饲料比例应从 30%～40%，提高到 40%～60%，粗饲料下降到 60%～40%。日粮中能量水平提高，蛋白质水平下降，由

13%～14%下降到 11%～12%，这个时期主要是沉积肌肉组织。

（3）育肥后期 育肥期或肉质改善期，需 30～60 天。此时日料中能量浓度应进一步提高，蛋白质含量应进一步下降到 9%～10%。精饲料比重提高到 60%～70%，粗料下降到 40%～30%，这个时期主要是沉积脂肪组织。

57. 如何生产高档牛肉？

高档牛肉是指对育肥达标的优质肉牛，经特定的屠宰和嫩化处理后分割出来的特别优质的、脂肪含量较高和嫩度好的特定优质部位牛肉，如牛柳、西冷和肉眼，具有较高的附加值，可以获得高额利润的产品。高档牛肉生产和一般牛肉生产相比有如下特点：育肥期较长，可达 12 个月，而一般架子牛育肥只需 4 个月左右；高档牛肉生产是以精料为主，成本相对较高；高档牛肉售价高，效益是相当可观的。在生产高档牛肉的同时，还可分割出优质切块，包括尾龙扒、大米龙、小米龙、膝圆和腱子肉，占胴体重的 24%～25%，售价是普通肉块的 5～6 倍。当前国内高档牛肉生产供不应求，不少宾馆、酒店还需从国外进口。高档牛肉生产技术如下：

（1）育肥牛的要求 生产高档牛肉，对育肥牛的要求非常严格。①品种。品种的选择是高档牛肉生产的关键之一。大量试验研究证明，生产高档牛肉最好的牛源是安格斯、利木辛、夏洛来、皮埃蒙特等引入的国外专门化肉用品种与本地黄牛的杂交后代。如果用我国地方良种作母体，牛肉品质和经济效益更好。秦川牛、南阳牛、鲁西牛、晋南牛也可作为生产高档牛肉的牛源。②年龄与性别。生产高档牛肉以阉牛最好。最佳的开始育肥年龄为 12～16 月龄。公牛 18 月龄以上，阉牛 30 月龄以上不宜育肥生产高档牛肉。其他方面的要求以达到一般育肥肉牛的最高标准即可。

（2）饲养管理 优质肉牛对饲养管理的要求也比较严格。不同牛种对饲养的要求也不相同，杂种牛生长快，营养要求高；地方良种黄牛长速较慢，1 岁左右的架子牛阶段可多用青贮、干草和切碎的秸秆，当体重 300 千克以上时逐渐加大混合精料的比例。

营养需要按饲养标准确定，所用饲料必须优质，不能潮湿发霉，也不允许虫蛀鼠咬。籽实类精料不能粉碎过细，青干草、青贮饲料必须正确调制，秸秆类必须氨化、揉碎。架子牛阶段以粗饲料为主，育肥前期精饲料、粗饲料比，以干物质计量，逐渐达到 60∶40，后期高精料强育肥时，精粗料比可增加到 80∶20，蛋白质降至 10%，强度育肥期最少 100～150 天。管理上要特别注意保健卫生，饲料安全，防寒防暑和牛体刷拭。

（3）屠宰牛的选择和前处理 屠宰牛要求 24～30 月龄，500 千克以上，育肥度达到中上等以上。屠宰前先进行检疫，并停食 24 小时，停水 8 小时，称重，然后用清水冲淋洗净牛体，冬季要用 20～25 ℃的温水冲淋。

（4）屠宰加工 将经过宰前处理的牛牵到屠宰点按规定程序屠宰。屠宰的工艺流程是：电麻击昏→屠宰间倒吊→刺杀放血→剥皮并去头、蹄和尾→去内脏→胴体劈半→冲洗、修整、称重→检验→胴体分级编号。测定相关屠宰指标后进入下道工序。

（5）胴体嫩滑 牛肉嫩度是高档与优质牛肉的重要质量指标。嫩化处理是提高嫩度的重要措施，也称排酸或成熟。其方法是在专用嫩化间温度 0～4 ℃条件下吊挂 7～9 天，可根据要求安排吊挂排酸的天数。嫩化后的胴体表面形成一层干燥膜，牛皮纸样感觉，pH 为 5.4～5.8，肉的横断面有汁流，切面湿润，有特殊香味，剪切值平均在 3.62 千克以下。也可采用电刺激嫩化。

（6）胴体分割包装 严格按照操作规程和程序，将胴体按不同档次和部位进行切块分割，精细修整，快速真空包装入库速冻。高档部位有 3 块：①牛柳。剥去肾脂肪后，沿耻骨的前下方把里脊头剔出，然后由里脊头向里脊尾逐个剥离腰椎横突，取下完整的里脊。②西冷。沿最后腰椎垂直下切，再沿离眼肌腹壁一侧用刀割下，在第 9～10 胸肋处切断胸椎。然后剥离腰、胸椎。③眼肉。一端与西冷相连，另一端在第 5～6 胸椎处，剥离胸椎，抽去筋腱，在眼肌腹侧切下。

第四部分 饲料加工与产品选择

SILIAO JIAGONG YU CHANPIN XUANZE

58. 饲料中一般含有哪些养分?

饲料养分即营养物质或称营养素，是饲料中含有的能够被畜禽采食、消化、吸收和代谢，用以维持生命和生产产品的具有类似化学结构性质的物质。养分可以是简单的化合物（如碳酸钙），也可以是复杂的化合物（如蛋白质、脂肪和碳水化合物等）。饲料养分一般包括六类物质：水、灰分或矿物质、蛋白质、糖类（碳水化合物）、脂肪、维生素。常规化学分析把饲料养分区分为水、粗灰分、粗蛋白质、粗脂肪、粗纤维和无氮浸出物等六类，也称概略养分。

养分对动物体的基本功能是：①作为建造和维持动物体的构成物质。②作为产热、役用和脂肪沉积的能量来源。③调节动物机体的生命过程或动物产品的形成。乳的生产是属于饲料养分的附加功能。乳产品虽不是养分在动物体内的最终产物，但却是动物采食饲料养分经过消化代谢转化为产品的部分。与乳产品相同，禽类的蛋产品也属于饲料养分的附加功能。

蛋白质功能：动物体内除水分外，蛋白质是含量最高的物质，通常可占动物机体固形物质的50%左右，若以脱脂干物质计，蛋白质含量约为80%；肌肉、肝脏、脾脏等组织器官的蛋白质含量可高达80%以上。成年动物体内的蛋白质含量虽然是基本稳定的，但是这种稳定是处于动态平衡状态的。机体在新陈代谢过程中，组织蛋白质始终处于一种不断的分解、合成过程中。

碳水化合物功能：①动物体组织的构成物质。碳水化合物也是动物体内某些氨基酸的合成物质。②动物体内能量的主要来源。③动物体的营养贮备物质。饲料碳水化合物除供给动物所需的养分外，有多余时可转变为糖元贮备起来。④乳脂和乳糖合成的重要原料。

脂肪功能：①脂肪是动物热能来源的重要原料，脂肪的主要功能是供给动物机体热能。②脂肪是构成动物体组织的重要原料，动物体各种器官和组织细胞，如神经、肌肉、骨骼、皮肤及血液的组成中均含有脂肪，主要为磷脂和固醇等，各种组织的细胞膜并非完全由蛋白质组成，而是由蛋白质和脂肪按一定比例组成，脑和外周神经组织都含有鞘磷脂。③脂肪是脂溶性维生素的溶剂，饲料中的脂溶性维生素，如维生素 A、维生素 D、维生素 E、维生素 K 等，均须溶于脂肪后，才能被动物体消化吸收和利用。④脂肪可为幼小动物提供必需脂肪酸，构成脂肪的脂肪酸中的亚油酸、亚麻酸及 20 碳四烯酸对幼小动物具有重要作用，称为必需脂肪酸。由于动物体内不能合成，所以必须由饲料供给。

维生素功能：维生素是畜禽正常生长、繁殖、生产以及维持健康所必需的微量有机化合物，在大多数情况下需要从饲料中补给。多数维生素都是辅酶的组成成分，而辅酶与酶蛋白相结合，才能使全酶具有催化作用。

59. 饲料原料如何分类？

饲料的来源包括植物、动物、微生物和矿物质元素，通常人们把这些来源不同、化学组成较为稳定的可饲物质，称为饲料原料。我国传统饲料的分类法如下。

(1) 按养殖者饲喂时的习惯分类 精饲料、粗饲料、青绿饲料三类：①精饲料是指饲料干物质中粗纤维含量低于 18%、无氮浸出物含量小于 80%的饲料，蛋白质饲料和能量饲料均属于精饲料的范畴，这类饲料的蛋白质含量可能高也可能低。②粗饲料中粗纤维含量大于 18%，如干草、秸秆（麦秸、稻草、玉米秸、高粱秸、豆秸、谷草等）、秕壳（谷壳、高粱壳、花生壳、豆荚、棉籽壳等）、树叶（槐树叶、榆树叶、桑叶、银合欢叶等）等。③青绿饲料是指天然水分在 60%以上的青绿牧草、饲用作物、树叶类及非淀粉质的根茎、瓜果类。

（2）按饲料来源分类 植物性饲料、动物性饲料、矿物质饲料、维生素饲料和添加剂饲料。

（3）按饲料主要营养成分分类 能量饲料、蛋白质饲料、维生素饲料、矿物质饲料和添加剂五类：①能量饲料，指饲料绝干物质中粗纤维含量低于18%、粗蛋白低于20%的饲料。能量饲料主要有四类：a）谷类籽实，如玉米、高粱、小麦、大麦、稻谷等；b）加工副产品，如次粉、小麦麸、米糠等；c）块根、茎和瓜类，如甘薯、胡萝卜、马铃薯和南瓜等；d）油脂，如动植物油脂。②蛋白饲料，是指饲料干物质中粗蛋白含量20%以上，粗纤维含量在18%以下的饲料；豆饼、豆粕、菜籽饼、棉籽粕、花生饼、鱼粉等都是蛋白质饲料。③维生素饲料是指有工业合成或提取的一种或复合维生素，不包括含维生素的天然青绿饲料。④矿物质饲料是指可提供饲用的天然矿物质、化工合成无机盐和有机配位体与金属离子的螯合物。⑤饲料添加剂是指为了利于营养物质的消化吸收，改善饲料品质，促进动物生长和繁殖，保障动物健康而掺入饲料中的少量或微量物质。添加剂可分为营养性添加剂（矿物质元素、维生素、氨基酸）和非营养性添加剂（防霉剂、着色剂、诱食剂、抗菌剂、抗氧化剂、黏合剂等）。

60. 影响饲料养分消化的因素有哪些？

（1）动物因素 ①动物种类和品种。猪、鸡、牛、羊等不同种类动物，消化道结构和容积、消化酶种类和数量、微生物消化的位置和能力等均有较大的差别，所以不同种类的动物消化力不同。②动物年龄及个体差异。幼小动物处于消化系统快速生长发育的阶段时，极易遭到劣质饲料的刺激和损伤，使其消化酶分泌减少，对消化性差的饲料难以消化。成年后消化系统和器官已经成熟，能够耐受劣质饲料，消化酶分泌量充足，对消化性较差的饲料消化能力增强。蛋白质、脂肪、粗纤维的消化率随动物年龄的增加而上升，成年后同种动物对营养物质的消化率影响不大。

（2）饲料因素 ①饲料种类。饲料种类不同，营养物质含量相差较大，质量和消化性也有较大的差异，如鱼粉消化性好于豆粕，豆粕好于棉粕，棉粕好于菜粕；青绿饲料好于干粗饲料，作物籽实好于叶茎等。②化学成分。在饲料的化学成分中，粗蛋白质和粗纤维对消化绿的影响最大，其趋势是粗蛋白质含量高，有利于动物的消化，粗纤维含量高不利于动物消化。③饲料中抗营养因子。饲料中的抗营养因子是指饲料本身含有的或从外界进入饲料中的阻碍养分消化的微量成分。主要有六种：a）对蛋白质消化和利用有不良影响的抗营养因子，如胰蛋白酶和胰凝乳蛋白酶抑制因子，植物凝集素，酚类化合物，皂化物和单宁等；b）对碳水化合物消化有不良影响的抗营养因子，如淀粉酶抑制剂，酚类化合物，胃胀气因子等；c）对矿物质利用不良的抗营养因子，如植酸、草酸、棉酚、硫葡萄糖苷等；d）维生素拮抗物或引起动物维生素需要量增加的抗营养因子，如双香豆素、硫胺素酶、吡啶胺、酸败脂肪等；e）刺激免疫系统的抗营养因子，如抗原蛋白质等；f）综合性抗营养因子，对多种营养成分利用产生影响，如水溶性非淀粉多糖、单宁等。④饲料加工。养殖过程中饲料经过不同形式的加工以后饲喂给动物，适当的加工处理可以改变饲料的物理和化学性质，提高营养物质的消化率。针对单胃动物和鱼类常用的加工方法有粉碎、发酵、混合、制粒、膨化等；氨化、酸碱处理、切短处理饲草、秸秆等粗饲料有利于反刍动物对粗纤维的消化。

（3）饲养管理技术 ①饲养水平，限饲比自由采食的动物对饲料营养物质消化率高。②饲养条件，在温度适宜和卫生健康条件较好的情况下，动物对某种饲料的消化率高于在恶劣条件下的消化率。③饲料添加剂，饲粮中添加适量抗生素、酶制剂或益生素等饲料添加剂，可以不同程度地改善动物消化器官的消化吸收功能，提高饲料消化率。

61. 什么是营养需要和饲养标准？

(1) 营养需要是指动物在适宜的环境条件下，正常、健康生长或达到理想生产成绩对各种营养物质种类和数量的最低要求，它是一个群体平均值，不包括一切可能增加需要量而设定的保险系数。营养需要包括维持需要、生长需要、运动需要、妊娠需要和哺乳需要五大类。

(2) 饲养标准是根据大量饲养试验结果和动物生产实践的经验总结，对各种特定动物所需要的各种营养物质的定额作出的规定，这种系统的营养定额及有关资料统称为饲养标准。简言之，即特定动物系统成套的营养定额就是饲养标准，简称“标准”。

饲养标准的内容包括以下几方面：①说明。介绍标准的研究方法、研究条件、标准特点、使用方法及建议等。②需要量。标准的主要内容。③饲料营养价值表。其是饲养标准的主要内容之一，一般分畜种列出常用饲料的各种概略养分含量、能值、一些纯养分的含量及某些养分的消化率或利用率等。④典型配方。供实践使用参考。

饲养标准在实践应用中具有二重性：①饲养标准的科学性。②饲养标准的灵活性，主要受动物因素、饲料因素及其他因素的影响。

62. 维生素的种类和来源有哪些？

(1) 脂溶性维生素 指不溶于水而溶于脂肪的维生素，包括维生素 A、维生素 D、维生素 E、维生素 K。

维生素 A 其生理功能是维持眼睛在黑暗情况下的视力；维持上皮组织的正常结构；促进生长发育。维生素 A 缺乏会引起干眼症、夜盲症、上皮增生角化等症。相关产品有维生素A醋酸酯、维生素A棕榈酸酯。

维生素D 其生理功能是促进食物中钙磷的吸收；促进骨骼的生长发育。维生素D缺乏会使幼畜易患佝偻病，成年动物得骨软化病。商品的维生素D以维生素D_3油为原料，配以适量的抗氧化剂和稳定剂，并以明胶和淀粉等辅料经喷雾法制成微粒。

维生素E 其生理功能是维持正常生殖机能、防止肌肉萎缩。饲养中缺乏维生素E的可能性比较少。产品有DL－a－生育酚醋酸酯。

维生素K 其生理功能是促成肝脏合成凝血酶原等。缺乏维生素K，出血不容易止血、血液不容易凝固。主要产品有人工合成的为维生素K_3，即甲萘醌，是结构最简单的维生素K。

（2）水溶性维生素 指能溶解于水而不溶解脂肪的维生素，包括维生素C和所有B族维生素。

维生素B_1（硫胺素） 其生理功能可促进体内糖的氧化，增进食欲。缺乏维生素B_1时，易导致多发性神经炎、脚气病、肠胃功能障碍。

维生素B_2（核黄素） 其生理功能是构成黄酶类辅基的成分，在生物氧化过程中起传递氢的作用。缺乏维生素B_2，容易患有口角炎、舌炎、角膜炎、阴囊炎。

维生素PP（烟酸和烟酰胺） 其生理功能是构成辅酶Ⅰ及Ⅱ的成分，为细胞内的呼吸作用所必需。缺乏维生素PP，会导致癞皮病、皮炎、腹泻和神经炎。

泛酸 其生理功能是构成辅酶A的成分。目前尚未发现缺乏症。

维生素B_6 其生理功能是构成氨基酸转氨酶和脱羧酶的辅酶成分。没有发现过缺乏症，可用于止吐。

叶酸 其生理功能是与红血球的成熟有关。缺乏维生素叶酸，可造成巨红细胞性贫血。

维生素 B_{12} 其生理功能与红血球的成熟有关。缺乏维生素 B_{12} 可导致巨红细胞性贫血、恶性贫血。

维生素 C 又称抗坏血酸。其生理功能是参与细胞间质的形成和细胞代谢。缺乏维生素 C 会使牙龈出血、皮下出血、严重时患坏血病。

63. 饲料中的矿物质有哪些?

矿质元素可分为必需矿质元素和非必需矿质元素，其中常见的在动物饲粮中添加的是常量元素与微量元素，常量元素，如钙、镁、钾、钠、磷、硫、氯；常添加的微量元素，如铁、铜、锌、锰、碘、钴、硒。

(1) 常量元素饲料

钙 动物性饲料如乳、鱼粉、肉骨粉等含钙较为丰富；多汁青绿作物，尤其是豆科植物也是钙的丰富来源；所有谷物及其副产品、油籽、油饼含钙量较低。常作为钙来源的矿物质饲料有石粉（钙 35%～39%）、贝壳粉（钙 38.0%）、蛋壳粉（钙 25%）或硫酸钙（钙 20%～28%）。

磷 植物性饲料，如谷物和糠麸等含量较为丰富，但植酸磷含量较高，配合植酸酶使用可以提高猪、禽等单胃动物对植物性来源的磷的利用，补充磷常用磷酸氢钙、磷酸二氢钙，磷酸氢钙，也称磷酸二钙，含磷 19.0%，含钙 24.3%，钙磷比平衡；骨粉含磷 11%～15%，含钙 25%～34%；骨制沉淀磷酸钙含磷 11.4%，含钙 28.3%。

镁 存在于各种饲料中，尤其是糠麸、饼粕、青饲料、谷实、块根、块茎含镁丰富，但早春牧草含镁较低，镁的添加物有氧化镁、碳酸镁和硫酸镁等。

钾 在青绿多汁饲料含量丰富，可达 2.1%～2.5%；饼粕类尤其是大豆饼粕含量也较多，为 1.2%～2.2%；谷实类饲料含钾量较少，约为 0.45%～0.55%；玉米低于 0.3%～0.35%；酒糟和甜菜含钾量最低，仅为 0.1%～0.2%。

氯和钠 在动物性饲料鱼粉和肉粉中含量丰富，在各种植物性饲料中含有较少，此外食盐可以补充氯和钠。

硫 来源是动物机体内的蛋白质，鱼粉、肉粉、血粉等含硫可达 0.35%～0.85%，饼粕类含硫量达 0.25%～0.4%，谷实和糠麸含硫量 0.1%～0.25%，青玉米及块根仅 0.05%～0.1%。

(2) 微量元素饲料

铁 各种天然植物饲料一般均含丰富的铁，青草、干草及糠麸均含铁丰富（150～350 毫克/千克），豆科植物含铁量（200～400 毫克/千克）高于禾本科植物（40 毫克/千克）。动物性饲料中鱼粉和血粉含铁丰富（410～530 毫克/千克）。常用含铁化合物进行补饲，如氯化亚铁、硫酸亚铁、柠檬酸铁、赖氨酸螯合铁等。

铜 在各种牧草、谷实（4～10 毫克/千克）、糠麸及饼粕（10～30 毫克/千克）中含量均较多。常用的铜源有硫酸铜、氯化铜和碳酸铜。

锌 各种饲草和饲料中一般均含有一定量的锌，谷实中玉米和高粱（10～15 毫克/千克）较低，块根、块茎含锌量贫乏（4～6 毫克/千克）。常用含锌化合物补饲，如硫酸锌、氧化锌、蛋氨酸锌等。

锰 多数饲草中含有锰甚多（50～200 毫克/千克），谷实和糠麸含锰也多（50～80 毫克/千克），玉米（4～6 毫克/千克）、大麦（8～10 毫克/千克）和动物性饲料中含锰较少。常用锰化合物补饲，如硫酸锰、氯化锰、氧化锰和碳酸锰或蛋氨酸锰等。

硒 缺硒地区饲料和牧草中硒含量低，可在配合饲料中加入亚硒酸钠和硒酸钠饲喂家畜。

碘 谷物饲料含碘量 0.05～0.25 毫克/千克，饼粕类含 0.4～0.8 毫克/千克，鱼粉和肉骨粉含量高达 2.8 毫克/千克。

常用的补碘方法在食盐中添加碘化钾或碘酸钙。

钴 各种饲料中含有微量的钴，牧草干物质含钴 0.1～0.25 毫克/千克，谷物籽实含 0.06～0.9 毫克/千克。动物性饲料含钴 0.06～0.09 毫克/千克。补饲钴最为简便的方法是配置钴化食盐。

64. 饲料中含有哪些抗营养物质？

饲料中抗营养物质是指饲料本身含有的或从外界进入饲料中的阻碍养分消化的微量成分，主要有六种：①对蛋白质消化和利用有不良影响的抗营养因子，如胰蛋白酶和胰凝乳蛋白酶抑制因子、植物凝集素、酚类化合物、皂化物和单宁等；豆类（豆科植物中的种子，如大豆、花生、鹰嘴豆、蚕豆等）是优质的蛋白质来源，它们都具有抗营养特性，蛋白酶抑制因子是大豆的主要抗营养因子。植物凝集素主要存在于豆科、茄科、禾本科、百合科和石蒜科等植物中。②对碳水化合物消化有不良影响的抗营养因子，如淀粉酶抑制剂、酚类化合物、胃胀气因子等；胀气因子主要存在于菜豆、大豆、豌豆、绿豆中。③对矿物质利用不良的抗营养因子，如植酸、草酸、棉酚、硫葡萄糖苷等；油菜籽中主要的抗营养因子是硫葡萄糖苷和芥子碱；棉籽中含有大量棉酚；禾谷类籽实（玉米、高粱、小麦、大麦）和油料籽实（棉籽、菜籽、芝麻、蓖麻）中存在植酸。④维生素拮抗物或引起动物维生素需要量增加的抗营养因子，如双香豆素、硫胺素酶、吡啶胺、酸败脂肪等。⑤刺激免疫系统的抗营养因子，如抗原蛋白质等。⑥综合性抗营养因子，对多种营养成分利用产生影响，如水溶性非淀粉多糖、单宁等；禾本科籽实及其副产品糠麸饲料的主要抗营养因子是水溶性淀粉多糖 NSP 和植酸。单宁存在于高粱籽实、豆类籽实、油菜籽实、甘薯、马铃薯和茶叶中，其中，高粱含单宁很高，但近年也有一些低单宁高粱品种。

65. 配合饲料有哪些种类和优点？

配合饲料按照营养成分可以分为四种。

（1）添加剂预混合饲料 添加剂预混合饲料即预混料，是一种或多种饲料添加剂与适当比例的载体或稀释剂配制而成的均匀混合物。优点：①配料速度快、精度高，混合均匀度好。②配好的添加剂预混料能克服某些添加剂稳定性差、静电感应及吸湿结块等缺点。③对各种添加剂活性、各类药物和微量元素的使用浓度等的表示均可标准化，有利于配合饲料生产和应用。

（2）浓缩饲料 浓缩饲料由预混料、蛋白质饲料及常量矿物质饲料组成。优点：①浓缩饲料的蛋白质含量高达30%～45%，且含有丰富的微量元素、维生素、氨基酸等营养成分。②使用浓缩饲料能充分利用农家自产的能量饲料如玉米、米糠等，减轻了交通运输的压力，降低养猪成本。③用量少，使用方便。

（3）全价配合饲料 全价配合饲料即通常所说的配合饲料，是非草食单胃动物和家禽的营养平衡饲料，由能量饲料、蛋白质饲料、常量矿物质饲料、微量元素添加剂、氨基酸添加剂和维生素添加剂构成，此外配合饲料中还常有非营养性添加剂。优点：①喂料简单，节省人工。②饲料厂对生产过程层层把关，产品质量得到保障。③营养均衡，科学安全。

（4）精料补充料 精料补充料是反刍动物的配合饲料，是与粗饲料、青绿饲料一起使用的一种饲料产品。优点：在于补充粗饲料所缺乏的养分，增进整个饲料的营养平衡效能。

按成品状态也可分类为四种。

（1）粉料 优点：①营养全面。②没有制粒过程，减少了能源消耗，降低了饲料厂的生产成本。③减少制粒过程中的营养成分损失等。

（2）颗粒饲料 优点：①经过搅拌均匀的配合饲料，在运输、储藏、调制等过程中，微粒会自动组合分级，颗粒料防止饲料营养成分的不均匀。②颗粒饲料精粗比例适当，防止家禽择食，减少饲料浪费，保证营养成分全面进入体内。③颗粒饲料中粉料较少，降低空气中粉尘，有效降低呼吸道疾病。④颗粒饲料通过熟化、制粒过程，能消除原料中大部分的抗营养因子，让饲料更容易消化。⑤颗粒饲料能够改善饲料的适口性，增加动物采食量。⑥饲料制粒过程中，杀死多种有害病菌，有效减少机体消化道的疾病发生。⑦颗粒饲料含水率低，便于长期储存。

（3）膨化饲料　优点：①膨化加工能消除原料中大部分的抗营养因子，提高饲料利用率。②膨化加工使淀粉糊化度提高，使饲料具有特殊香味，提高了适口性，从而提高动物的采食量。③饲料原料经过高温、高压膨化后可以杀死多种有害病菌，从而有效减少机体消化道的疾病发生。④可以制成各种沉降速度的膨化饲料，以满足水产动物的不同生活习性的要求，减少饲料损失，避免水质污染。⑤膨化饲料能够有效地避免饲料分变级，不会因为营养成分不均匀影响使用效果。⑥膨化饲料含水率低，便于长期储存。

（4）液态饲料　优点：①能均匀供应所有营养物质，不易产生营养缺乏症，有效地促进生长。②适口性好，提高采食量。③生产工艺简单，便于在生产实践中推广。④易于控制投料量，不至于造成某些营养成分的过量和不足。⑤不污染环境，有利于发展生态养殖业。

66. 影响配合饲料质量的因素有哪些？

（1）饲料原料对配合饲料质量的影响　①原料来源和生产工艺。原料的来源直接影响饲料的质量，如鱼粉的含盐量，磷酸氢钙的含氟量，玉米的含水量，豆粕中尿酶的含量等都和产地及原料的生产工艺有关。②贮藏条件。饲料原料的贮藏条件在一定程度上影响配合饲料的质量。③贮藏含水量。含水量过高的原料在贮藏过程中易发霉变质，引起家畜中毒。④贮存环境。一些生物活性物质，如各种维生素都应避光干燥保存，防止由于氧化等原因造成损失。⑤原料间的相互影响。有拮抗作用的物质最好不要在一起混合存放，如微量元素和各种维生素等。

（2）饲养标准及饲料配方对配合饲料质量的影响 ①饲养标准。饲养标准规定了不同生理阶段，不同生产用途的畜禽所需的各项营养物质的数量。国际上最具权威应用最多的是美国 NRC 标准，饲养标准随着生产条件的改善和科技的进步在不断修改，我国的饲养标准是 NRC 标准和国情相结合的产物。根据不同的畜禽种类、品种及生理阶段等选择不同的饲养标准。②饲料配方。饲料配方是饲料生产中各项原料添加的依据，配方设计的科学与否直接影响饲料的质量。

（3）饲料加工工艺对配合饲料质量的影响 饲料加工工艺是保证产品性能和降低成本的关键所在。配合饲料的加工过程主要包括原料的清理、粉碎、配料、混合、制粒等五道工序。①原料的清理。清理主要是将原料或副料中的大杂及铁质除去。在投料口上应配置初清筛，在机器设备前加装分离筛，另外，在原料粉碎前和制粒前还应对铁杂质用磁选器进行一次清理，以保证粉碎机和制粒机的安全。②粉碎工艺。粉碎过程主要控制原料粉碎粒度，以达到改善适口性、提高饲料消化吸收率、保证混合均匀度的目的。③配料工艺。配料精度尤其是微量组分的高低直接影响到饲料产品中各组分的含量，对畜禽的生长和生产影响极大，预混料、尤其是药物添加剂要严格管理，标记明确，单独存放，防止交叉污染。④混合工艺。混合是保证饲料产品质量的主要因素，如混合不均匀，则会造成营养素缺乏或微量成分的中毒。⑤制粒工艺。在制粒过程中应根据不同原料组成、原料水分含量及对产品熟化度的不同要求，调整调制时间与调制温度和湿度；定期检查模孔，防止堵塞；适度调整压辊和环膜间隙；注意喂料刮板磨损程度与安装位置；调节切刀位置，使颗粒长度与颗粒直径比为1∶1至2∶1。

（4）储藏对配合饲料质量的影响　饲料贮藏不当，可能会受到高温、高湿、光、氧的影响，都会使油脂或饲料微量成分如氨基酸、维生素等氧化分解。

（5）质量检测对配合饲料质量的影响　任何一种原料和加工后的配合饲料在进厂和出厂时都要有严格的质量检测，因为在生产过程中的任何一个环节都可能造成饲料的污染，影响配合饲料的质量。工作人员要有责任心严格把好质量检测关，使各项指标均符合要求。

67. 常用的饲料添加剂有哪些？

饲料添加剂是指添加到饲料中能保护饲料中的营养物质，促进营养物质的消化吸收，调节机体代谢，增进动物健康，从而改善营养物质的利用效率，提高动物生产水平，改进动物产品品质的物质的总称。最早用于添加剂的物质是抗生素。饲料添加剂种类很多，包括饲料保护剂（保护饲料中的营养物质，防止氧化），助氧化剂（如酶制剂，益生素，酸化剂，缓冲剂，离子载体等），代谢调节剂（如激素，营养重分配剂）。

（1）抗生素　①多肽类。此类抗生素吸收差，排泄快，无残留，毒性小，抗药性细菌出现概率低，如硫酸黏杆菌素、持久霉素、杆菌肽锌。②大环内酯类。如泰乐菌素、红霉素、螺旋霉素、林肯霉素等。③含磷多糖类。黄霉素等。④聚醚类。如莫能菌素、盐霉素、拉沙里菌素等。⑤四环素类。已经淘汰。⑥氨基糖苷类。潮霉素B。⑦化学合成抗生素。如磺胺类、卡巴多等。

（2）酶制剂　主要是助消化的水解酶（包括纤维素酶、木聚糖酶、植酸酶、淀粉酶）。

（3）益生素　指可以直接饲喂动物并通过调节动物肠道微生

态平衡达到预防疾病、促进动物生长和提高饲料利用率活性微生物或其他培养物。①乳酸杆菌类可以有效抑制大肠杆菌和沙门氏菌的生长，目前主要是嗜酸乳酸杆菌、双歧杆菌和粪链球菌等。②芽孢菌类具有较强的蛋白酶，脂肪酶活性，主要有枯草芽孢杆菌、地衣芽孢杆菌和东洋芽孢杆菌。

（4）激素 性激素，促抑甲状腺激素制剂等。

（5）酸化剂 能使饲料酸化的物质叫酸化剂。饲料添加酸化剂，可以增加幼龄动物发育不成熟的消化道的酸度，刺激消化酶活性，提高饲料养分消化率；同时，可以杀灭和抑制饲料本身存在的微生物。①单一酸化剂，如延胡索酸、柠檬酸。②以磷酸为基础的复合酸。③以乳酸为基础的复合酸。

（6）微量元素添加剂 包括铜、铁、锌、钴、锰、碘、硒、钙、磷等，具有调节机体新陈代谢，促进生长发育，增强抗病能力和提高饲料利用率等作用。

（7）维生素添加剂 包括维生素 A、维生素 D_2 等多种维生素、胆碱等。

（8）促生长添加剂 包括猪快长、速育精、血多素、肝渣、畜禽乐、肥猪旺等。

（9）氨基酸添加剂 包括赖氨酸、蛋氨酸、谷氨酸等 18 种氨基酸以及生宝、禽畜宝、饲料酵母、羽毛粉、蚯蚓粉、饲喂乐等，目前使用最多的有赖氨酸和蛋氨酸等添加剂，在日粮中加入 0.2%的赖氨酸喂猪，日增重可以提高 10%左右。

（10）防霉添加剂或饲料保存剂 由于米糠、鱼粉等精饲料含油脂率高，存放时间久易氧化变质，添加乙氧喹啉等可防止饲料氧化，添加丙酸、丙酸钠等可防止饲料霉变。

（11）中草药饲料添加剂 包括大蒜、艾粉、松针粉、芒硝、党参叶、野山楂、橘皮粉、刺五加、苍术、益母草等。

（12）缓冲饲料添加剂 包括碳酸氢钠、碳酸钙、氧化镁、磷酸钙等。

（13）饲料调味性添加剂　包括谷氨酸钠、食用氯化钠、枸橼酸、乳糖、麦芽糖、干草等。

68. 饲料的加工方法有哪些？

（1）切碎　稻草、青草、干草等大多切碎后饲喂。

（2）粉碎　饲料工业粉碎饲料原料常用3～6毫米筛片控制粒度。机械粉碎受饲料种类、水分、筛孔大小等多种因素影响。大多数谷类中等程度粉碎为宜。一些籽粒较硬的谷类如高粱、带壳大麦，则以细粉碎为好，但不宜过细，过细易导致饲料损失并在动物消化道易成团状，影响适口性，特别是反刍动物不喜爱吃粉状饲料。在自动化饲养中，过细导致饲料不宜漏出自动料槽，影响动物采食，另外粉状料通过消化道的速度快，致使消化率降低，较长时间使用，易引起消化道紊乱。

（3）制粒　制粒是一种较理想的饲料加工方法，常结合蒸汽制粒，制粒温度60～100℃，制粒过程饲料含水17%～18%，DM含量90%左右。随着饲料工业的发展，制粒加工有取代或部分取代粉料加工的趋势。原因是：①饲料制粒可减少饲料损失，增加适口性，限制动物挑食，减少饲料浪费，制粒后纤维素和一些被束缚的营养素的利用率会提高，如烟酸、植酸磷等。②颗粒饲料方便机械化养畜。③饲料制粒也提高植物磷的利用率。但目前制粒成本较高，基于目前的生产技术水平不是所有饲料都能制粒，如高脂肪（大于10%～16%）含量饲料、工业淀粉用量大的半合成饲料、无油脂添加设备而油脂添加量大于3%的配合饲料等。制粒过程引起部分营养素营养价值降低，如赖氨酸、维生素等。产奶奶牛粗饲料不宜制粒。羊用粗饲料可制粒。

（4）发酵　反刍动物常用青贮技术发酵青绿饲料提高适口性和增加储存时间。

（5）化学处理　包括青贮加工用化学添加剂促进青贮过程进

行、配合饲料加抗氧化剂保护脂肪等。

（6）饲料配合及混合 通过营养目的，按加工要求混合，生产出高质量的饲料。此法也包括生物生产者对饲料的简单配合和混合。

（7）其他加工方法 如浸泡法可使硬饲料变软，节约粉碎费用，也可除去一些饲料中的有害物质，如除去菜籽饼中的葡萄糖硫苷；在猪的流质饲养中会采用打浆法饲喂青饲料，有利于与精料搭配饲喂。

69. 如何制作青贮饲料？

青贮饲料是青绿饲料在收割后切碎，经青贮窖、裹包、堆贮、塔贮、袋贮等密封处理，在密闭缺氧条件下，经厌氧乳酸菌的发酵，抑制杂菌繁殖而得到的一种柔软适口，畜禽喜食，消化利用率高，可常年利用，不受季节、气温影响的优质饲料。科学合理的制作、利用青贮饲料，是扩大饲料来源的一种简单、可靠而经济的途径，对于调节青饲料的余缺，保证青饲料的均衡供应，减少饲料资源浪费，促进畜牧业发展有着重要意义。其制作方法如下：

（1）适时收割 要掌握好青贮原料的刈割时间、及时收割。一般种植青贮玉米在乳熟期，豆科植物在开花初期，禾本科牧草在抽穗期，甘薯藤在霜前收割。

（2）原料切铡 青贮原料切铡长短的适宜度与饲料品种有关，一般细茎牧草切碎长度以7～8厘米为宜。玉米、高粱等茎秆粗的作物以1.5～3厘米为宜。切短利于装窖时踩实、压紧、较好地排出空气，沉降较均匀，养分损失少。同时切短的植物组织渗出大量汁液，有利于乳酸菌生长，加速青贮过程。

（3）水分调节 青贮原料的水分含量以65％～75％为宜。可将切碎的青贮原料用手握住，若手指湿润但无水滴出现，其水分含量适宜。当原料中水分少于要求的含量时，在青贮时可均匀喷入适量的清水；水分过多时可加入干草吸收水分或晾晒使其水分降低。

（4）平摊装填　青贮原料逐层平摊装填，每层 15～20 厘米，装入后压实，排出空气。青贮原料压得越紧实，窖内空气排出越彻底，其质量越好。装填时饲料的上部要高出窖上缘 60 厘米，以保证青贮饲料发酵完成后，青贮层还能稍高于窖内上缘，窖顶呈圆馒头形或屋脊形，以利于排水。

（5）窖口密封　青贮装满后，在原料上面覆盖塑料薄膜，用沙袋及轮胎将塑料薄膜压紧。要特别注意窖口四周的密封。如果密封不严，进入空气或雨水，腐败菌、真菌即可大量繁殖，导致青贮失败。青贮饲料封窖后，要加强管理，及时修复漏缝，以防空气进入而影响青贮效果。

（6）开窖取用　青贮原料装窖密封后，经 45 天左右，便可开窖取料饲喂。取料时要从一端打开，自上而下垂直取料，随取随喂。注意取用后及时将暴露面盖好，以防日晒、雨淋和出现二次发酵。

（7）品质鉴定　等级优良的青贮饲料色泽呈黄绿色或绿色，有较重的酸味还有青草发酵后的芳香味，草料的质地比较柔软且稍稍湿润为最佳；中等的草料呈黄褐色或黑绿色，有酸度，但不多，有芳香味，并伴随稍稍的酒精味或酪酸味，质地较干或者水分较多；低等的草料大都呈黑色或褐色，酸度低，并伴有一定的臭味，质地干燥或者腐烂黏结在一起。

70. 如何加工处理秸秆？

（1）物理处理　把秸秆切短、撕裂和粉碎、蒸煮软化等，都是常用处理秸秆的办法。切短粉碎及软化秸秆，利于牛的咀嚼，提高秸秆的适口性、采食量和利用率。秸秆切短的适宜程度，一般以 3～4 厘米为宜。使用揉搓机将秸秆揉搓成丝条状喂牛，可提高吃净率。揉搓后进行氨化，可提高氨化效果并进一步提高吃净率。秸秆热喷处理是利用热喷效应，使饲料木质素溶化，纤维结晶度降低，颗料变小，总面积增加，从而提高采食量和消化率及杀虫、灭菌的目的。

（2）化学处理 ①碱化处理。每 100 千克秸秆加 3 千克生石灰或 4 千克熟石灰，食盐 0.5～1.0 千克，水 200～250 升，浸泡 12 小时后捞出晾 24 小时即可饲喂，不必冲洗。②氨化处理。氨化法有液氨氨化、尿素氨化、氨水氨化等几种方法。a）液氨氨化法。将切碎的秸秆喷入适量水分，含水量达 15%～20%，混匀堆垛，在长轴的中心埋入一根带孔的硬塑料管，以便通氨，用塑料薄膜覆盖严密，然后，按秸秆重量的 3%通入无水氨，处理结束，抽出塑料管、堵严。密封的时间以环境温度的不同而异，气温为 20 ℃时 2～4 周。揭封后晒干，氨味自行消失后粉碎饲喂。b）氨水氨化法。预先准备好装秸秆原料的容器（窖、池或塔等），将切短的秸秆边往容器中放，边按秸秆重 1∶1 的比例往容器中均匀喷洒 3%浓度的氨水。装满容器后用塑料薄膜覆盖，封严，在 20 ℃左右气温条件下密封 2～3 周后开启（夏季约需 1 周，冬季则 4～8 周），将秸秆取出后晒干即可饲喂。c）尿素氨化法。按秸秆重量的 3%加进尿素，首先将 3 千克尿素溶解在 60 千克水中均匀喷洒到 100 千克秸秆上，逐层堆放，用塑料膜覆盖，若尿素短缺，也可用碳酸氢铵进行秸秆氨化处理，其方法与尿素氨化法相同，由于碳酸氢铵的氮含量较低，其用量须酌情增加。

（3）生物处理

青贮 为提高青贮秸秆的质量，在青贮过程中要加入一些添加物。添加物主要有以下几类：①微生物制剂，主要是乳酸菌。②抑制不良发酵的添加剂，主要是抑制青贮发酵过程中有害微生物的活动，防止原料霉变和腐烂。主要有酸类添加剂如硫酸、盐酸等无机酸，甲酸、乙酸等有机酸和亚硝酸钠、硝酸钠、甲酸钠、甲醛等防腐剂以利于青贮料的保存、防止变质。③营养型添加剂，主要有尿素、碳水化合物等，可提高青贮原料营养价值，改善饲料适口性，石灰石、硫酸铜、硫酸锌、硫酸锰、氯化钴等补充青贮料矿物质元素不足的无机盐类。④纤维素酶类添加剂：这类酶主要有半纤维素酶、纤维素酶、果胶酶等。除青贮外，也可进行微贮。

酶解 向饲料中添加纤维素酶等复合酶制剂或用细菌、真菌对秸秆进行处理，希望分解粗饲料中的纤维素，以提高粗饲料的适口性和消化率。

71. 什么是全混合日粮（TMR），制作全混合日粮应注意哪些问题？

全混合日粮（Total mixed ration，TMR）是指根据反刍动物与不同生长发育及不同泌乳阶段的营养需要和饲养战略，按照营养专家计算提供的配方，用特制的搅拌机将粗料、精料、矿物质、维生素和其他添加剂按照适当的比例充分混合成营养相对平衡的日粮，使散放牛群自由采食的一种先进的饲养技术。使用TMR饲养技术可进行规模化生产，使饲喂管理省工、省时，提高饲养效益及劳动生产率。在制作全混合日粮中应注意以下问题：

（1）分群分阶段饲养 将动物群体根据不同生长发育进行分群饲养，按不同阶段配以不同全价日粮和饲喂量，以发挥全混合日粮的饲喂效果。对动物各阶段换料要有换料过渡期，避免突然换料引发不适。

（2）TMR及其原料常规营养成分的分析测定 TMR及原料各种营养成分的含量是科学配制日粮的基础，即使同一原料（如青贮玉米和干草等），因产地、收割期及调制方法不同，其干物质含量和营养成分也有很大差异，所以，应根据实测结果来配制相应的TMR。另外，必须经常检测TMR中的水分含量及动物实际的干物质采食量，以保证动物的足量采食。

（3）科学加工 饲料依据饲料原料营养含量分析和饲养标准进行科学的饲料配方设计。为保证日粮混合质量，投料顺序为先轻后重，先干后湿，按照干草、青贮、糟渣类、精料顺序加入。边加料边混合，物料全部填充后再混合3～6分钟，避免过度混合。物料含水率保证在45%～55%，不足时需加适量水。记录每天每个料槽的采食情况、食欲、剩料量等，以便及时发现问题，每次饲喂前应保证有3%～5%的剩料量，还要注意TMR日粮在料槽中的一致性和每天保持饲料新鲜。

（4）选择适宜的TMR搅拌机 牛场应具备能够进行彻底混合的饲料搅拌设备。根据场地的建筑结构、喂料道的宽窄、畜舍高度和畜舍入口等来确定合适的TMR搅拌机类型，根据家畜群体大小、干物质采食量、日粮种类（容重）、每天的饲喂次数以及混合机充满度等选择TMR搅拌机的容积。

（5）料槽管理 畜禽应有合适的采食空间，饲料投放均匀并选择在采食最频繁的时间发料。每天翻料2～3次。饲喂次数多数牧场为一天两次。增加饲喂次数不增加干物质采食量，但可提高饲料效率。空槽时间每天不超过2～3小时并定期检查水质。

（6）搅拌机的维护与保养 搅拌量最好不超过最大容量的80%，原料添加过程中，应除去铁器、石块、包装绳等，避免造成设备损伤，在TMR搅拌机出口处安装磁铁，有效去除隐藏在TMR饲料内的铁器，避免造成牛只损伤。根据TMR搅拌机的保养程序定期保养，在超负荷工作时，要增加保养次数。

72. 在牛、羊日粮中如何正确使用尿素？

反刍动物瘤胃内的微生物（细菌和纤毛虫）可将尿素或铵盐中的非蛋白氮（NPN）转化为蛋白质。用尿素或铵盐加入日粮中以替代反刍动物日粮中的部分蛋白质，由于成本低、效果好而得到较为广泛的应用。但若不能科学的饲喂，不仅达不到预期的目的，还会引起动物中毒。所以我们需科学正确的使用尿素。

（1）尿素的用量 尿素用量一般为牛、羊日粮总氮量的

20%～30%或精料量的2%～3%。一般按牛、羊100千克体重喂给20～30克尿素。3月龄以下的反刍动物，由于瘤胃机能尚未发育完全，应禁止用尿素。对于饲喂大量精料的高产奶牛应限量补饲尿素。

（2）尿素的使用方法　尿素通常与精饲料混合在一起后进行使用，也可以制作成尿素砖、尿素青贮、尿素喷洒草料等使用。在初步喂养牛羊尿素时，应遵循“起步要少，逐步增加，直至合理”的原则合理喂养，应有2周以上适应期，在此期间，逐渐增加饲喂量，并需将尿素的日喂量平均分配到全天的日粮中，不可一顿喂完全天的喂量，也不可喂后立即给牛、羊饮水，喂后饮水应在半小时以后进行，更不能让牛、羊饮用尿素水，否则易引起氨中毒。

（3）日粮蛋白质水平要适宜　日粮中蛋白质含量超过13%时，尿素在瘤胃转化为菌体蛋白的速度和利用程度显著降低，甚至会发生氨中毒。日粮中蛋白质含量低于8%时，又可能影响细菌的生长繁殖。一般补加尿素时，日粮蛋白质水平应不高于13%。

（4）合理补充碳水化合物　饲料中的碳水化合物为细菌的生长、繁殖提供营养，也是微生物利用尿素的能量来源。碳水化合物可刺激瘤胃微生物活动，从而促进尿素氮的利用，增加菌体蛋白的合成量。

（5）合理补充维生素和矿物质　蛋白质代谢中若钴（Co）不足会影响维生素B_{12}的合成，从而影响尿素的利用率；硫（S）的缺乏会影响蛋氨酸、胱氨酸等的合成；氨硫比和氮磷比也是需要注意的因素，含尿素日粮中的氮硫比通常为（10～14）∶1，氮磷比8∶1为最佳；饲料中也要添加适量的钙（Ca）、磷（P）、镁（Mg）、铁（Fe）、铜（Cu）、锌（Zn）、锰（Mn）及碘（I）等微量元素，以使营养均衡，提高尿素利用率。

（6）尿素中毒治疗　牛羊采食后出现过度流涎并伴有泡沫、肌肉震颤、前肢麻痹、瘤胃胀气，并发生严重的磨牙、喘气、呼吸慢等现象时，说明牛羊尿素中毒，应立即停止饲喂含尿素的饲料，必要时可采取中和（一般将食醋1 000毫升、糖1 000克、水2 000毫升混合在一起给牛羊服用）、洗胃、解毒（葛根粉

250克水冲服)、强心(用10%硫代硫酸钠溶液150毫升+10%葡萄糖注射液2 000毫升注射)、穿刺等手段进行治疗。

73. 为什么单胃动物和反刍动物日粮有很大差异?

单胃动物和反刍动物日粮的差异主要是由于其在消化生理上的不同。反刍动物具有4个胃,分别为瘤胃、网胃、瓣胃和皱胃,其中只有皱胃是具有分泌胃酸等消化液功能的真胃。而单胃动物,只有一个具有分泌功能的胃。

单胃动物对糖类、脂类和蛋白质的消化都是通过消化液把它们分解为维持自身生理活动所需的能量或合成自身代谢、生长、发育和繁殖所需的各种物质。而反刍动物的瘤胃和网胃可将食物和唾液混合,特别是通过共生细菌将纤维素分解为葡萄糖,然后将食物进行反刍,经缓慢咀嚼以充分混合,进一步分解纤维。经过重新吞咽,再从瘤胃到重瓣胃,进行脱水,送到皱胃进行消化液消化,最后送入小肠进行吸收。这种利用瘤胃中的微生物发酵消化难于消化的物质(纤维素),大大提高了对植物性食物的利用率。

单胃动物只有简单的消化道,消化器官容积小,不能分泌纤维素酶和半纤维素酶,唾液中含有大量的α淀粉酶,可水解淀粉中的α-1,4葡萄糖,使其成为麦芽糖、糊精等。在小肠中,小肠黏膜上皮细胞可以产生多种酶,如乳糖酶、麦芽糖酶等,它可以水解乳糖纤维二糖、麦芽糖、异麦芽糖α-1,6链的糊精、次粉等。因此单胃动物宜饲喂各种谷类等精饲料。而反刍动物刚出生时,瘤胃体积很小,随着动物的生长发育,其瘤胃也快速发育。成年牛的瘤胃内容物体积约为60升,瘤胃是供厌氧性微生物繁殖的良好天然环境,是一个可容纳大量消化物的发酵罐,饲料中有70%~85%可消化物质和50%粗纤维在瘤胃内消化。

不管是单胃动物还是反刍动物,只要合理地选用食材,都能够健康地成长,帮养殖户实现理想的经济效益。

第五部分 养殖场疾病防控

YANGZHICHANG JIBING FANGKONG

74. 养殖场畜禽有哪些主要疾病（疾病的分类）？

在动物养殖过程中，动物疾病指动物由于受到了外界与自身因素的影响，在自身机体平衡被破坏的情况下，出现防御力下降、病情加重及死亡的情况。传染方式主要有空气传播、血液传播、排泄物传播等，极少数的疾病通过接触也会感染动物。按照动物疾病的性质，将动物疾病分成三大类。

（1）传染病　养殖场动物的传染病病原包括病毒、细菌、立克次氏体、衣原体、霉形体和真菌在内的多种微生物。通常情况下动物种族及自身携带的微生物能引起不同的传染病，且宿主谱宽窄各不相同。但是某些共有的微生物引起的传染病，如禽流感则会扩散至所有哺乳动物，包括人类。同时传染病以其极强的传染性，不仅可以直接通过日常接触传染，而且还能够通过空气、土壤，甚至是畜舍用具等造成间接传染。

（2）寄生虫病　养殖场动物的寄生虫主要分为原虫、蠕虫和节肢动物三大类。原虫和蠕虫作为内寄生虫会引起鞭毛虫病、肝片吸虫病等动物常见疾病，会造成动物的大规模死亡。节肢动物则是外寄生虫，通常有较长的发育期和较复杂的生活史，会通过饲料或饮用水侵入动物体内，形成蛔虫病、血液原虫病等疾病。

（3）普通疾病　养殖场动物的普通疾病也可被分为三种类型：首先，外科疾病主要包括四肢病变及外伤等；其次，内科疾病主要包括心血管疾病、血液疾病、内分泌疾病、骨骼疾病、神经疾病、消化道疾病、皮肤疾病、遗传疾病、免疫系统病变及幼畜疾病等；最后，产科疾病主要包括输精感染、不孕不育、乳房疾病等。

75. 如何识别畜禽发病?

识别动物发病，首先要询问养殖户近期养殖动物的各种生理状态（日龄、数量、疫苗免疫状态、采食饮水状态等）、病理状态（症状、发病时间、死亡数量、发病史等）；其次是亲自到养殖场近距离观察动物现阶段表现的状态和病理症状，观察患病动物外在的疾病表现；然后是挑选最有代表性的死亡或者症状表现明显的患病动物进行病理解剖，必要时进行实验室检验；最后通过各项数据和当地的疾病流行情况确诊动物是否发病。

76. 如何做好畜禽疾病防控工作?

（1）提高畜禽养殖管理的规范化水平 在养殖畜禽的过程中，动物的生长环境、饲料组成及投喂方式都包含了许多技术内容，做好这部分工作要有专业的动物饲养管理知识和规范化管理的规程，通过规范化的管理来提升养殖工作的质量，要营造干净整洁的饲养条件，饲养员在工作前必须做好消毒工作，防止感染患病。保障饲养环境的卫生也能够杜绝致病菌的生存。

（2）加强疾病防疫与检疫工作 畜禽养殖场应建立健全检疫制度和动物疾病免疫程序，从制度上有效地预防动物疾病。对于那些新饲养的动物来说，养殖场应该进行消毒检疫工作，不仅要将其隔离观察，还应该为其定期注射各种疫苗，以增强免疫力。在动物疾病多发的季节，饲养人员每天都应该严格按照操作流程对动物进行消毒防护工作。

（3）加强动物的饲养和管理 在动物的饲养管理过程中要严格执行饲养标准，定期进行场所的消毒工作。所选用的消毒产品应该符合规定，不能对动物本身产生伤害。对动物排泄的粪便进行无菌处理，防止病菌通过粪便进行传播。另外，还要保证动物每天摄取充足的养分，通过科学的配比，合理的饲养方式，以提高动物的免疫力。

（4）保证养殖场所的空气流通 由于很多种动物疾病可以通过空气进行传播，因此养殖场的空气质量尤为重要。这就要求饲养人员做好养殖场的空气流通工作，加强通风换气。例如，可以通过在养殖场上方开设通风窗或者设置空气通风装置来进行通风换气工作，从而预防疾病通过空气传播。

77. 常用消毒方式有哪些？

（1）环境消毒 畜禽舍周围环境每周用2%火碱（NaOH）消毒或撒生石灰一次；场周围及场内污水池、排粪坑、下水道出口，每月用漂白粉消毒一次。大门口、圈舍入口消毒池要定期更换消毒液。

（2）圈舍消毒 每批商品畜禽调出后，要将圈舍彻底清扫干净，按先喷地面、再喷墙壁、最后喷天花板的顺序，用高压水枪冲洗，最后喷雾消毒或熏蒸消毒。间隔5～7天，方可转入下批新畜。

（3）用具消毒 定期对保温箱、补料槽、饲料车、料箱、针管等进行消毒。如用0.1%新洁尔灭或0.2%～0.5%过氧乙酸消毒，消毒前先关好门窗。

（4）带畜禽消毒 定期进行带畜禽消毒，有利于减少环境中的病原微生物。可用于带畜禽消毒的消毒药有0.1%新洁尔灭、0.3%过氧乙酸、0.1%次氯酸钠。

（5）储粪场消毒 畜禽粪便要运往远离场区的储粪场，统一在硬化的水泥池内堆积发酵后出售或使用。储粪场周围也要定期消毒，可用2%火碱（NaOH）或撒生石灰消毒。

（6）病尸消毒 畜禽病死后，要进行深埋、焚烧等的统一无害化处理。同时立即对其原来所在的圈舍、隔离饲养区等场所进行彻底消毒，防止疾病蔓延。

(7) 进出人员消毒 非生产人员严禁进入场区，饲养人员及上级业务检查人员必须进入场区时，要严格遵守消毒程序，即更衣、换鞋，经喷雾和紫外灯照射消毒后方可进入。

78. 如何选择消毒药物?

选择消毒药物时要注意：一要考虑养殖场的常见疫病种类、流行情况及消毒对象、消毒设备、养殖场条件等，选择适合自身实际情况的两种或两种以上不同性质的消毒药物。二要充分考虑本地区的疫病流行情况和疫病的可能发展趋势，选择储备和使用两种和两种以上不同性质的消毒药物。三是定期开展消毒药物的消毒效果检测，依据实际的消毒效果来选择较为理想的消毒药物。

选择消毒药品时，要选效力强、效果广泛、生效快且持久、不易受有机物及盐类影响的药品。特别是在疫病发生期间，更应精心选择和使用消毒剂。使用前充分了解消毒剂的特性，提前制订消毒计划。结合季节、天气，充分考虑适用对象、场合。实践证明，消毒液温度每升高 10 ℃，消毒效果可增加 2～3 倍。但碘福乐、次氯酸钠等的消毒效果在 20 ℃左右最高，超过则无效。不同消毒药不得混合使用。混合使用只会使消毒效果降低，如需要用数种，则单独使用一种消毒剂数日后再使用另一种消毒剂。

79. 畜禽发生传染病时如何应对?

(1) 报告疫情 有传染病流行发生，如炭疽、口蹄疫等，务必及时上报上级机关。报告内容有发病时间、发病地点、发病数量、死亡数量、临床症状、剖检病理、初诊病名、防治情况等。

(2) 及时诊断 诊断及时准确，是扑灭疫病、控制疫病的关键。对传染病的诊断有临床诊断、流行病学诊断、病理学诊断、细菌学诊断，以及血清学和变态反应等诊断方法。因此，要综合分析，以便做出正确诊断，尽早采取有效措施。

(3) 封锁疫区 建立有效保护安全区，将发生的疫情控制在可控范围内，为当前防病的关键手段。我国划区封锁的经验，按“早、快、严、小”的原则进行的。“早”是早发现；“快”是快隔离、快封锁；“严”是严格处理病畜；“小”是把疫区控制最小范围内。最后一种疫病处理后，再经过一定期间（相当于该种传染病最长潜伏期，如炭疽 15 天、口蹄疫 14 天等），不再出现新病例，并经过终末消毒后，方可解除封锁。

(4) 病死畜处理 将诊治无效的病死畜进行规范化处理，对科学防病意义显著。目前，处理病死畜尸体，有掩埋法和化制法。掩埋尸体为最简单、常见的方法，但是自长远角度考虑，此法并不很理想。且尸体掩埋到一定的深度，才能起到清灭病原体的目的。选择掩埋尸体的方法，应注意选择地势干燥、地下水位低的地方，至少距离住宅区、河流、公路等 1 千米以上，且掩埋深度在 2 米以上，最好掩埋成土丘状。掩埋地最好能统一规划，既有利于尸体分解，又有利于控制疫情。条件允许的，建议用化制法。

80. 如何降低畜禽发病的概率？

(1) 养殖场的选址 养殖场选址时，必须做到实地考察，需要综合考虑各种因素，如地理位置或其他条件等，并结合每种畜禽种类的特殊习性选择合理的位置。一般选择气候适宜、通风、光照好、地势高、水源近等地方，以便保证畜禽的健康生产，降低畜禽患病的概率。另外，养殖场的位置最好远离人群密集的区域，以免对居住环境造成污染。

(2) 养殖环境卫生的管理 养殖环境卫生管理主要包括三大方面：一是加强圈舍卫生，及时清理畜禽的粪便、多余的饲料及其他污染物；夏天要注意及时清洗圈舍，避免细菌滋生；二是注意加强对圈舍的通风与采光，以便保持圈舍的干燥与清洁；三是及时处理死亡的畜禽，并及时进行消毒，降低细菌滋生概率。

（3）畜禽饲料的监管 要购买质量合格的饲料，并且注意饲料的检测与管理，及时更新过期饲料。另外，在喂养畜禽时需要做到科学搭配，科学喂养。畜禽出现问题时，要及时查看饲料问题。若无法查明具体原因，应尽快停止饲喂，寻求帮助。

（4）各种疾病的防控 养殖管理人员需要随时关注动物是否有疾病或有疫情出现，以便及时采取预防措施，如及时给畜禽注射疫苗。另外，养殖户还需要定期给畜禽饲喂防寄生虫或其他疾病的药物，以防畜禽受到寄生虫及病毒的侵害。总之，对于畜禽疾病的防控应加强畜禽的健康状况检查，以便做到及时发现、及时防治。

81. 畜禽用药时应注意哪些问题？

（1）明确诊断疾病，选择正确药物 准确诊断是合理用药的前提，病因不明时或未诊断明确时，不要轻易用药，切忌见病盲目投药、尝试投药、经验投药。其结果不仅达不到治病效果，而且还导致药物浪费，增加养殖成本，严重者还会出现药物不良反应。诊断病因明确时，应选择高效、低毒、安全性大的药物，同时应尽量规避大处方治疗原则。

（2）遵守兽用处方药与非处方药的管理规定 兽用处方药是指凭兽医处方笺方可购买和使用的兽药，故临床处方药的选择须经执业兽医开具处方。另外，需明确兽药非处方药目录，购买药品时认清 OTC 标识。

（3）正确合理联合用药，规避不合理配伍 临床疾病继发感染、合并感染、混合感染等常常存在，故并发症具有普遍性，常采取联合用药的形式以提高疗效，减轻不良反应，保证治疗效果。联合用药需要在专业兽医师的指导下科学选用药物，并注意避免药理性配伍禁忌和理化性配伍禁忌。不合理、不科学的药理性配伍易导致药物浪费、疗效降低、治疗失败、药物颉颃、药物残留、药物毒害等现象，从而降低治疗效果。

(4) 选择合适药物剂型和投药途径 根据动物品种及疾病特性，选择合适药物剂型，并严格按照不同剂型的标签说明书选择正确的投药途径，不要随意改变用药途径、改变治疗目的。例如，注射剂饮水应用，可溶性粉作注射应用；口服液喷料应用，非水溶性药物饮水应用；口服治肠道感染改成注射治疗全身感染、喷雾治疗呼吸道改成滴鼻或饮用等，极易导致治疗失败、药害事件、不良反应及药物残留发生。

(5) 严格按照药物标签说明书用药 防止盲目增减剂量或加减疗程，否则易导致药物浪费，更易致药物残留；更有甚者，盲目增加剂量会导致药物不良反应，引起药害事件发生。盲目减小剂量（如预防用药）、缩短疗程（抗感染药物达不到疗程）等也是不科学的用药方式。

(6) 选择优秀兽药企业的药物产品，拒绝使用假劣兽药 优秀兽药企业的产品符合GMP生产规范，成分清晰、含量可靠，注意事项及不良反应明确，临床治疗疾病时目标明确，规范使用即能取得可靠的治疗效果。而有些不规范企业生产的产品有效成分不明确，或为保证临床效果可能会加入不允许添加的禁用药物；或标识成分单一，而真实组方较大。用这样的产品防治疾病时，极易导致药物残留或不良药害事件发生，进而会导致食品不安全事件。

(7) 严格遵守相关管理规定 不使用假劣兽药、不使用禁用药品、不直接使用原料药治疗疾病、不使用人用药品作为兽药应用，自觉建立药品使用记录，严格遵守休药期规定，遵守动物产品可追溯制度。

82. 我国对兽药使用有哪些规定？

(1) 中华人民共和国《兽药管理条例》自2004年11月1日

起实施。

(2) 与《兽药管理条例》配套的规章有：《处方药与非处方药管理办法》《兽用生物制品管理理办法》《兽药进口管理办法》《兽药标签和说明书管理办法》《兽药生产质量管理规范（GMP）》《兽药经营管理规范（GSP）》《兽药非临床管理规范（GLP）》。

(3)《中华人民共和国农产品质量安全法》《食品安全法》。

(4) 中国兽药质量标准：《中华人民共和国兽药典》一、二、三部，《中华人民共和国兽药规范》《兽药使用指南》《兽药残留标准》等。

83. 猪场主要免疫程序有哪些？

不同猪场的免疫程序略有不同，主要的免疫程序如下：

(1) 仔猪阶段（0～35 日龄） ①猪瘟。20 日龄首免猪瘟弱毒疫苗，免疫剂量为 1 头份，肌内注射。常发猪瘟病的疫场也可采取乳前免疫的方法：初生仔猪肌内注射猪瘟弱毒疫苗 1 头份，待 30～60 分钟后再让仔猪吃奶。采用该方法时，20 日龄时不再做免疫，半年后再进行免疫。②伪狂犬病。发生过伪狂犬病的疫场，母猪妊娠后期未做伪狂犬病弱毒疫苗免疫的，其仔猪后代可在 1～8 日龄时用伪狂犬病弱毒疫苗免疫，免疫剂量为 1 头份。③仔猪副伤寒。30 日龄采用口服或注射的方法，免疫剂量为肌内注射 1 头份、口服 4 头份。

(2) 35～70 日龄阶段

35 日龄断奶后：①传染性胃肠炎。采用弱毒或灭活苗，免疫剂量为 1 头份。②口蹄疫。高密度灭活苗免疫剂量为 1 头份，每半年进行 1 次免疫。一般灭活苗免疫剂量 1 头份，每 3 个月免疫 1 次。农业部推广的程序：父母代种猪场，仔猪断奶时免疫 1 次，间隔 1 个月再免疫 1 次，以后每隔半年免疫 1 次；商品代场，一般断奶时免疫 1 次，间隔 1 个月加强免疫 1 次，直到出售。

60 日龄：①猪瘟。20 日龄首免，60 日龄二免，免疫剂量 2 头份。②猪丹毒。用猪丹毒弱毒疫苗，免疫剂量 1 头份。③猪肺疫。用猪肺疫弱毒疫苗，免疫剂量 1 头份。以上这 3 种病也可用三联苗同时免疫，以后每半年免疫 1 次。

（3）后备母猪配种前 ① 细小病毒。弱毒苗，免疫剂量 1 头份，公、母猪同时注射。② 乙型脑炎。弱毒苗或灭活苗，春天蚊蝇繁殖前对配种前的后备猪或正在配种的公、母猪同时免疫注射。

（4）母猪妊娠阶段 ①大肠杆菌病菌苗。产前 1 个月和产前半个月各免疫 1 次，剂量为 1 头份。②仔猪红痢菌苗。初产母猪产前 1 个月、产前半个月各免疫 1 次，剂量为 1 头份；注射过的经产母猪，产前半个月注射一次。③伪狂犬病疫苗。产前 1 个月免疫，保护 1 月龄内的仔猪不发病。④传染性胃肠炎疫苗。产前 40 天免疫，保护 1 月龄内的仔猪不发病。

（5）空怀母猪 配种前或配种后 2 周内注射猪瘟弱毒疫苗，免疫剂量为 2 头份，可有效控制非典型性猪瘟的发生。

84. 肉鸡场免疫程序如何制订？

免疫程序由免疫项目、接种手段和免疫日龄三部分组成。具体在什么日龄、采取何种接种手段、免疫什么项目是关系到鸡场生死存亡的大事，必须由具有一定经验的专业人员制订。当然，一个鸡场不可能执行始终不变的免疫程序，应随时间和环境的变化而逐步调整。各鸡场的免疫程序应各具特点。大量调查表明当前多数农户优质肉鸡的免疫程序很不规范，随意性很强，虽然免疫多次，但某些疫病仍然暴发和流行。以下为可参考的肉鸡免疫程序。

疫　　苗	程序一	程序二	程序三
马立克氏病液氮苗	1日龄皮下注射	/	1日龄皮下注射
法氏囊病S706	1日龄皮下注射	/	/
NDclone30＋H120＋28/86	/	2日龄点眼	2日龄点眼
新城疫传染性支气管炎二联四价苗	7日龄点眼或滴鼻	8日龄点眼或滴鼻	8日龄点眼或滴鼻
新城疫油乳剂灭活苗	7日龄注射0.3毫升	/	8日龄注射0.3毫升
禽流感新城疫重组二联苗	12日龄肌内注射	/	/
传染性法氏囊病三价活疫苗	19日龄饮水	14日龄饮水	14日龄饮水
霉形体病与传染性鼻炎多价蜂胶苗	/	21日龄肌内注射	21日龄肌内注射
新疫灵（新城疫多价弱毒苗）	25日龄饮水	/	28日龄饮水
传染性支气管炎活疫苗	32日龄饮水	28日龄饮水	35日龄3倍饮水
法氏囊中等毒力疫苗	/	/	42日龄饮水
禽流感多价灭活苗	/	/	49日龄肌内注射
鸡痘疫苗	/	/	55日龄皮内刺种
新疫灵（新城疫多价弱毒苗）	/	/	60日龄饮水
禽流感多价灭活苗	/	/	65日龄肌内注射

备注：（1）鸡痘疫苗的接种日龄随季节不同适当调整。（2）NDclone30＋H120＋28/86指新城疫＋传染性支气管炎＋肾型传染性支气管炎二联三价活疫苗。（3）程序一主要用于传染性法氏囊病和新城疫威胁严重的地区；程序二主要用于传染性支气管炎威胁严重的地区；程序三主要用于饲养期较长的肉杂鸡和优质肉鸡。

要制订合理的免疫程序，应对提供鸡苗的种鸡的免疫状况、出壳鸡苗的母源抗体水平及当地疫病流行状况等作详细调查。上表中推荐的免疫程序是基于种鸡规范免疫。雏鸡母源抗体水平较高等状况下制订的，实际中应根据鸡群的健康状况和当地疫病的流行情况适当调整。

85. 蛋鸡场免疫程序如何制订？

蛋鸡的常规免疫程序如下：

日龄	疫苗	免疫方法	剂量
1 日龄	新城疫、传染性支气管炎二联弱毒疫苗（Clone45＋H120）	点眼	1 羽份
7 日龄	新城疫、传染性支气管炎二联弱毒疫苗	点眼	1.5 羽份
10 日龄	禽流感 H5N1Re－5＋Re－4	颈部皮下注射	0.3 毫升
12 日龄	法氏囊	饮水或滴口	2 羽份
* 15 日龄	支原体油苗	皮下注射	0.3 毫升
17 日龄	新城疫、传染性支气管炎二联灭活苗或新/鼻二联苗＋新支二联弱毒疫苗	皮下注射＋点眼	0.3 毫升＋1.5 羽份
19 日龄	法氏囊（中等毒力）	饮水或滴口	2 羽份
23 日龄	鸡痘弱毒苗	刺种	1.5 羽份
40 日龄	新城疫Ⅳ系苗	点眼	1.5 羽份
50 日龄	传染性喉气管炎弱毒苗	点眼	1 羽份
60 日龄	禽流感 H5N1Re－5＋Re－4	皮下注射	0.5 毫升
65 日龄	禽流感 H9 油苗	皮下注射	0.5 毫升
70 日龄	传染性支气管炎 H52	点眼或饮水	1.5 羽份
80 日龄	新城疫Ⅳ系苗	点眼或饮水	2 羽份
95 日龄	传染性喉气管炎弱毒苗	点眼或涂肛	1 羽份
105 日龄	鸡痘弱毒苗	刺种	1.5 羽份
* 110 日龄	支原体油苗	皮下注射	0.5 毫升
112 日龄	新城疫Ⅳ系苗	点眼或气雾或饮水	1.5 羽份
115 日龄	新城疫、传染性支气管炎减三联苗	皮下注射	0.5 毫升
122 日龄	禽流感 H5N1Re－5＋Re－4	皮下注射	0.5 毫升
* 125 日龄	传染性鼻炎油苗	皮下注射	0.5 毫升
130 日龄	禽流感 H9 油苗	皮下注射	0.5 毫升

备注：(1) *项目可根据地区疫病流行情况而定，一般可不免疫。(2) 新城疫在产蛋期每间隔 3 个月免疫一次Ⅳ系弱毒苗，可以点眼或气雾。(3) 禽流感 H5、H9 油苗在产蛋期每间隔 4 个月注射一次。

86. 肉羊场免疫程序如何制订?

(1) 羊必须免疫的疫病

羊快疫-猝狙-羔羊痢疾-肠毒血症 此为四联苗,均为梭菌性疫病,加上羊黑疫为五联苗。应在每年的春季(2～3月)和秋季(9～10月),用四联苗或五联苗各免疫1次。免疫时,成年羊和羔羊一律肌内注射或皮下注射5毫升。免疫后14天产生免疫力,免疫期为1年。

传染性胸膜肺炎 每年用山羊传染性胸膜肺炎氢氧化铝菌苗预防一次。6月龄以上羊用5毫升,6月龄以下羔羊用3毫升,皮下或肌内注射。免疫后14～21天产生免疫力,免疫期为1年。

羊口蹄疫 每年要定期注射相应型的口蹄疫疫苗,口蹄疫弱毒苗注射后14天羊产生免疫力,免疫期4～6个月。种公羊、后备母羊每年接种疫苗2次,每次间隔6个月,每次肌内注射单价苗1.5毫升;生产母羊每年的3月、8月各免疫1次,肌内注射1.5毫升/次。

布鲁氏菌病 采用布鲁氏菌羊型5号苗,臀部肌内注射1毫升/次,免疫期1年。抗体阳性羊、3个月以下羔羊、怀孕羊均不能注射,种用羊不免疫。

破伤风 在初产怀孕母羊产羔前1～2个月免疫,破伤风疫苗(破伤风类毒素)于羊颈部皮下注射0.5毫升,1个月后产生免疫力,免疫期1年;第2年再注射1次,免疫期可持续4年。

(2) 根据疫情选择免疫的疫病

羊炭疽 周围地区受炭疽威胁时,每年用Ⅱ号炭疽芽孢苗在春季免疫1次。切记山羊不能用一般的无毒炭疽芽孢苗,使用Ⅱ号炭疽芽孢苗时,在大、小羊股内侧或尾部皮内注射0.2毫升,免疫期1年,无不良反应。

羊链球菌病 对怀疑有此病的羊,可在每年春季或秋季,用羊链球菌氢氧化铝疫苗，背部皮下注射。6 月龄以下每只 3 毫升，6 月龄以上每只 5 毫升，免疫期 6 个月。

羊大肠杆菌病 主要用于预防羔羊大肠杆菌病。一般采用大肠杆菌灭活苗，皮下注射。3 月龄以下的羔羊每只注射 0.5～1 毫升，3 月龄以上的羔羊每只注射 2 毫升。注射疫苗后 14 天产生免疫力，免疫期 6 个月。

羊伪狂犬病 如本地区猪有伪狂犬病发生，可用牛、羊伪狂犬病灭活苗免疫，无疫情的场切忌使用伪狂犬弱毒苗。成年山羊 5 毫升，羔羊 3 毫升，皮下注射，免疫期 6 个月，每年需预防 2 次。

山羊痘 如有疫情，用山羊痘弱毒冻干苗，不论羊只大小，均于腋下或尾内侧或腹下皮内注射 0.5 毫升，6 天后产生免疫力，免疫期 1 年，以后在每年秋季免疫 1 次。免疫后一般无不良反应，有些羊只注射后 5～8 天在注射局部有小的硬节肿块，不需处理，肿块会逐渐消失。

羊口疮 如发生过羊口疮，则需对健康羊用羊口疮弱毒细胞冻干苗，于口腔黏膜内注射 0.2 毫升进行免疫。具体操作：用左手拇指与食指固定好羊的上（下）口唇，将其绷紧，向上（下）顶，使上（下）唇稍突起，立即向黏膜内注射 0.2 毫升疫苗。注射是否正确应以注射处呈透亮的水泡为准，一般无不良反应，免疫期 5 个月。根据情况一年应注射 1～2 次（春季在 3 月，秋季在 9 月）。

（3）驱虫保健 坚持定期驱虫，加强寄生虫病的防治。在羊的寄生虫病发病季节到来之前，用药物给羊群进行预防性驱虫。一般在每年 3、6、9、12 月各进行 1 次全群驱虫。驱虫药物根据本地寄生虫流行情况进行选择，并使用广谱、高效、低毒、价廉的驱虫药物。例如，抗蠕敏（丙硫咪唑）药，以每千克体重 20 毫克进行驱虫，以驱除胃肠道线虫、莫尼茨和曲子宫绦虫、肺丝虫及羊的肝片吸虫的危害；硫双二氯酚可驱除瘤胃内的吸虫及盲肠内的平腹吸虫；灭虫丁（阿维菌素、虫克星），不但可以防治体外寄生虫螨、虱、蜱、蝇等，而且还可以杀死羊体内线虫。在羊生产中通常在每年春季和秋季给羊药浴2次。第一次是在5月剪羊毛后10天进行，第二次是在8月进行。常用的药浴液有0.1%杀螨灵、0.3%灭虱精或0.5%精制敌百虫溶液。药浴可用药浴池、喷雾器等。

87. 肉牛场免疫程序如何制订?

（1）口蹄疫 使用口蹄疫双价灭活疫苗（O型、A型）。35～45日龄首次免疫，臀部或颈部肌内注射，剂量2毫升/头；70～80日龄二次免疫，臀部或颈部肌内注射，剂量2毫升/头；以后每隔4～6个月免疫1次或根据抗体水平监测情况适时免疫，臀部或颈部深部肌内注射，剂量为2毫升/头。种公肉牛每年3月和9月各免疫1次，臀部或颈部深部肌内注射，剂量2毫升/头。注苗后14天产生免疫力，免疫保护期4～6个月。仅用于健康牛，病牛、瘦弱牛等禁用，严格遵守操作规程。接种后可能出现过敏反应，必要时用肾上腺素等脱敏措施抢救。

（2）炭疽病 使用Ⅱ号炭疽芽孢疫苗。30日龄至12月龄，皮下注射0.5毫升/头，免疫期1年；12月龄以上成年牛，每年9月免疫1次，皮内注射剂量0.2毫升/头或皮下注射1毫升/头，免疫期1年。本品宜秋季使用，初春或气候骤变时禁忌使用。

（3）巴氏菌病 使用牛多杀性巴氏菌灭活疫苗。每年3月或9月，对于5～12月龄（体重100千克以下）肉牛，肌内或皮下注射4毫升/头，免疫期9个月；成年牛（12月龄以上或体重100千克以上），肌内或皮内注射6毫升/头，免疫期9个月。接种后可能在注射部位形成0.5厘米左右的硬结，2～4周后硬结会自然消失，因此不影响其使用效果。接种后病牛可能出现过敏反应，必要时用肾上腺素等脱敏措施抢救。

(4) 牛副伤寒病 使用牛副伤寒灭活疫苗。非疫区健康牛群新生犊牛在1～1.5月龄首次免疫，肌内注射1～2毫升/头。以后每6个月免疫1次，肌内注射2～5毫升/头。孕牛产前1.5～2个月注射，肌内注射2～5毫升/头。已发生副伤寒的牛群，2～10日龄犊牛可肌内注射1～2毫升/头。牛副伤寒灭活疫苗只用于健康牛群，病弱牛不宜使用；严禁冻结保存，使用前充分摇匀；注射局部会形成核桃大硬结肿胀，但不影响健康。

(5) 布鲁氏菌病 使用牛型19号弱毒活菌苗。6～8月龄（最迟12月龄以前）首次免疫，必要时在18～20月龄（即第一次配种期）二次免疫，颈部皮下注射5毫升。使用时，先用消毒后的注射器注入灭菌缓冲生理盐水，轻轻振摇成均匀混悬液，再用注射器将其移置于灭菌瓶中，按照瓶签标明的剂量加入适量生理盐水，稀释至每毫升含活菌120亿～160亿个。用于预防牛（种公牛禁用）布鲁氏菌病，注射后1个月产生免疫力，免疫保护期6年。注射后数日内会出现体温升高，注射部位轻度肿胀，但不久即消失。严格操作程序，搞好个人防护，防止污染水源。

(6) 牛气肿疽病（黑腿病） 使用牛气肿疽灭活菌苗。在流行的地区及其周围，每年春季或秋季进行气肿疽甲醛菌苗或明矾菌苗预防接种，每年免疫1次，不论大小均皮下注射5毫升。6月龄内小牛在满6个月时再注射1次，注射后14天产生坚强免疫力，免疫期1年。

(7) 肺疫 使用牛肺疫氢氧化铝弱毒活疫苗或盐水弱毒活疫苗。每年春季或秋季对6月龄以上牛免疫，免疫保护期1年。牛肺疫活疫苗用20%氢氧化铝胶生理盐水稀释液按1∶500倍稀释为氢氧化铝苗，臀部肌内注射，6～12月龄牛1毫升，12月龄以上成年牛2毫升；牛肺疫活疫苗用生理盐水按1∶100倍稀释为盐水活菌苗，尾端皮下注射，6～12月龄牛0.5毫升，12月龄以上成年牛1毫升。6月龄以下犊牛、临产孕牛、瘦弱或有其他疾病的牛不能使用牛肺疫氢氧化铝弱毒活疫苗或盐水弱毒活疫苗。

(8) 破伤风 使用破伤风类毒素。6月龄以下犊牛皮下注射0.5毫升，6个月后皮下注射1毫升；成年牛皮下注射1毫升，免疫期1年，第二年再次皮下注射1毫升，免疫期4年。

(9) 牛环形泰勒虫病 使用牛环形泰勒虫病活虫苗。用前疫苗在38～40℃温水内融化5分钟，振摇均匀后不论年龄、性别、体重，一律在臀部肌内注射1～2毫升/头。注射后21天产生免疫力，免疫保护期1年。注苗后3天内可能产生轻微体温升高和不适表现属于正常反应。

88. 奶牛场免疫程序如何制订?

3月龄，肌内注射1毫升口蹄疫双价灭活疫苗（O型、A型）。

4月龄，肌内注射2毫升口蹄疫双价灭活疫苗（O型、A型），以后每间隔6个月，肌内注射2毫升口蹄疫双价灭活疫苗（O型、A型）。

5月龄，口服5头份布鲁氏菌病活疫苗（S2株），初次服苗1个月后再加强免疫1次。

犊牛：肌内注射支原体二联灭活疫苗，每年2次，每次2毫升。

成年母牛（怀孕8～9月）：肌内注射奶牛副伤寒二联疫苗，预防所产犊牛顽固性腹泻。

泌乳母牛：肌内注射乳房炎（金葡链大）多联灭活疫苗，每月1次，每次3毫升，连用4个月；肌内注射支原体二联灭活疫苗，每月1次，每次3毫升，连用4个月。

全部奶牛：肌内注射2毫升口蹄疫双价灭活疫苗（O型、A型），每年2次；肌内注射5毫升奶牛梭菌二联疫苗，1年2次（小牛2毫升）。

第六部分 养殖场粪污处理

YANGZHICHANG FENWU CHULI

89. 畜禽粪尿产生量如何估算?

畜禽粪尿的产生量与养殖动物的种类、品种、性别、生长期、饲料组成、饲喂方式等因素有关。目前我国还没有相应的标准来计算不同畜禽不同时期的粪尿产生量，且畜禽的粪尿很难准确地按照粪便和尿液完全分开进行计算。若不考虑畜禽生长期的影响，将畜禽的存栏量看作一个稳定的的饲养量来看，畜禽的粪尿量=存栏量×日排泄系数×天数。肉牛、奶牛、猪、羊、家禽粪尿的日排泄系数［千克/(头·天)］分别为7.7、19.4、5.3、0.87、0.1。国家环境保护部计算粪尿产生量的方法是将存栏量、日排泄系数和饲养周期三者相乘，此方法得出的结果是畜禽一个饲养周期产生的粪便量。

计算公式为：$M=cQT$。式中M为粪尿产生总量（千克）；c为排泄系数［千克/(头·天)］；Q是其存栏量（头），T是其生长周期（天）。受动物生长期的影响，动物粪尿的排泄系数只有到动物生长至一定程度才会相对稳定，所以此粪尿排泄总量的计算比实际排泄量稍微偏大。

90. 畜禽的清粪方式及选择原则?

目前畜禽养殖过程中的主要清粪方式有干清粪、水冲清粪和水泡粪三大类，清粪方式选择应遵循以下原则：

首先，清粪方式应与粪污后期处理环节相互参照。清粪只是粪污管理过程的一个环节，它必须与粪污管理过程的其他环节相连接形成完整的管理系统，才能实现粪污的有效管理。也就是说，可以根据选定的清粪方式，确定后续的粪污处理技术；也可以根据选定的粪污处理技术，确定相匹配的清粪方式。例如，如果某猪场打算采取沼气工程处理粪污，该猪场的清粪方式最好选择为水泡粪清粪方式；同样，如果某猪场采用水泡粪清粪方式，粪污的后期处理确定为达标排放处理就不合适，因为水泡粪的粪污中有机物浓度很高，对这样的粪污进行净化处理，显然要付出很高的代价，得不偿失。

其次，选择清粪方式还应综合考虑畜禽种类、饲养方式、劳动成本、养殖场经济状况等多方面因素。由于畜禽种类不同，其生物习性和生产工艺不同，对清粪方式的选择也有影响，例如，蛋鸡主要采用叠层笼养，由于鸡的尿液在泄殖腔与粪便混合后排出体外，生产过程中几乎只产生固体粪便，因而采用干清粪方式。

另外，机械清粪也是干清粪方式之一，该清粪方式是利用专用的机械设备替代人工清理出畜禽舍地面的固体粪便，机械设备直接将收集的固体粪便运输至畜禽舍外，或直接运输至粪便贮存设施；地面残余粪尿只需用少量水冲洗，污水通过粪沟排入舍外贮粪池。

机械清粪的优点是快速便捷、节省劳动力、提高工作效率；相对于人工清粪而言，不会造成舍内走道粪便污染。缺点是一次性投资较大，还要花费一定的运行和维护费用；工作部件沾满粪便，维修困难；清粪机工作时噪声较大，不利于畜禽生长；此外，国内生产的清粪设备在使用可靠性方面还有些欠缺，故障发生率较高。尽管清粪设备在目前的使用过程中仍存在一定的问题，但是随着畜牧机械工程技术的进步，清粪设备的性能将会不断完善，机械清粪是现代规模化养殖发展的必然趋势。

91. 养殖粪污的主要处理方法有哪些？

近些年畜禽养殖业发展迅猛。畜禽养殖产生的污染已经成为我国农村污染的主要来源，因而对畜禽粪便进行无害化处理具有重要的意义。以下是畜禽粪污无害化处理的关键方法：

（1）腐熟堆肥技术 堆肥技术是在有氧的情况下，由微生物把有机物降解、转换成腐殖质的生物化学处理过程。目前我国农村主要是统一堆放，发酵后作农家肥用，达到秸秆过腹还田的目的。堆肥技术是一种为世界各国普遍采用的畜禽粪便处理方法，运用良好的堆制技术，可以在较短的时间内使粪便减量、脱水、无害化，取得较好的处理效果，尤其是高湿粪便的脱水技术。其方法是将畜粪和垫草等固体有机废弃物按一定比例堆积起来，在微生物作用下，进行生物化学反应而自然分解，随着堆内温度升高，杀灭其中的病原菌、虫卵和蛆蛹，达到无害化并成为优质有机肥料。该法优点是设备简易费用低，占地面积比厌氧池小得多，不受季节的限制，技术成熟，适合普遍推行，产生的臭气量较少。

（2）生物有机肥制作技术 生物有机肥通过在畜禽粪便中接种微生物复合菌剂（如 EM 菌剂），利用生化工艺和微生物技术，使有益微生物迅速繁殖，快速分解粪便和秸秆中有机质，将大分子物质变为小分子物质，产生生物热能，堆料温度可升至60～70 ℃，抑制或杀死病菌、虫卵等有害生物；并在矿质化和腐殖质化过程中，释放出氮磷钾和微量元素等有效养分；吸收、分解恶臭和有害物质。畜禽粪便经过生物发酵腐熟后，再经热风旋转烘干处理，便成为无害、无臭、无病菌和虫卵的优质有机肥。有改土培肥效果以及提高肥料利用率和保护环境等功能。王德刚等提出“零污染”干式法养猪，即在栏舍内铺上敷料，将猪的粪尿吸附混合，生物处理后进行二次发酵，并经工艺处理合成生态有机肥，对周围环境达到“零污染”的排放效果，同时还可降低猪群疾病发生率，加快生长速度，提高饲养效益。

（3）厌氧发酵生产沼气厌氧发酵技术 该技术是利用厌氧或兼性微生物以粪料中的原糖和氨基酸为养料生长繁殖，进行沼气发酵。其产生的沼气综合利用在生态农业中，可作为生产活动的原料、肥料、饲料、添加剂和能源等；发酵原料或产物可以生产优质肥料或优质饲料；沼液可用作饲料添加剂浸种、追肥；沼渣可用作基肥，脱水干燥后生产复合肥。因此，生产沼气是综合利用畜产废弃物、防止污染环境和开发新能源的有效措施。但是，此种方法的缺点是沼气产生受温度、季节、环境、原材料影响大，产气不稳定，夏多冬少，因此冬季要消耗一定的沼气用来维持发酵的温度环境。

92. 粪污固液分离的目的和方法是什么？

固液分离是将畜禽粪尿中的固体残渣和尿液污水分离。规模化养殖场排除的粪尿量较大，排放总固体含量（TS）浓度较低，一般在3%左右，无论是好氧堆肥还是厌氧发酵，都会影响生产效率。因此，在粪便处理过程中应用先进的发酵工艺开展畜禽粪便的综合利用。其重要前提条件是必须对粪便污水进行前处理，即固液分离，主要目的是降低污水中TS浓度。固液分离出来的固体物可制成品质优良的有机复合肥，既可以改善养殖场环境，还能为农作物提供有机肥有利于庄稼增收，同时还可以改善养殖场周围的生态环境。固液分离后的污水的化学耗氧量（COD）可下降40%左右，为厌氧工艺创造条件。另外，COD的降低减轻了厌氧处理的负荷，缩小了厌氧处理装置的容积和占地面积，降低了造价，可以使厌氧消化后沼液的COD浓度降到1 000毫克/升以下，便于后续处理，达到排放标准。

固液分离的主要目标是移除溶液中的悬浮固体和部分溶解固体。常用的固液分离方法有沉降分离、机械分离、蒸发分离和絮凝分离。

（1）沉降分离　主要由粪尿中固体的质量和形状决定。质量大形状小的固体物，沉降速度较快。

（2）机械分离　机械分离是分离效果最好的技术，目前应用最为广泛，包括筛分、离心分离和压滤3种类型。筛分分离是根据粪水中固体颗粒尺寸的不同进行固液分离的一种方法。固体物的去除取决于筛孔的大小，筛孔大则去除率低，但不易堵塞，清洗次数少；反之，筛孔小则去除率高，但易堵塞，清洗次数多。离心分离是利用固体悬浮物在高速旋转下产生离心力的原理使固液分离的一种设备。离心分离的分离效率要高于筛分，而且分离后的固体物含水率相对较低。经筛分或离心式分离后的固体物含水率一般为85%～95%，仅有5%～15%的固体，而压滤分离可以除去更多的水分。依据不同的工作原理，压滤分离机分为带式压滤和螺旋挤压。带式压滤机是世界上发展较快的固液分离设备，具有结构简单、操作方便、能耗低、噪音小和可连续作业等优点，得到的滤饼含水率低，在常规条件下运行，带式压滤机分离后的滤饼含水率为14%～18%，但缺点是设备费用高。螺旋挤压机是将重力过滤、挤压过滤以及高压压榨融为一体的新型分离装置。螺旋挤压机是一种比较有前途的分离设备，与带式过滤压榨机相比结构简单、操作方便、运行费用低、耗能低，同时不采用滤布，因此维修管理费用降低，更为经济。

(3) 蒸发池 这种方法在干旱地区效果较好，蒸发出来的水可以用于灌溉，其分离效率受限于池的规模、配套的设备和环境的变化影响。

(4) 絮凝分离 是一种新型的固液分离技术，是应用化学试剂使微小的悬浮固体迅速地聚集成较大的固体颗粒，进而沉淀分离的方法。

(5) 脱水分离 即用加热来除去污水中水分，由于具有高成本、高维修费用和高耗能等缺点，并没有被广泛采用。

93. 养殖场气体污染的主要来源和处理措施有哪些？

畜禽粪尿中有大量降解和未降解的碳水化合物和含氮化合

物，经过有氧或者厌氧发酵产生的气体造成空气污染。以规模化养殖场为例，断奶仔猪、生长育肥猪、母猪的氮排出量分别占总摄入量的46%、67%、76%. 这些物质排出体外后会迅速腐败发酵，碳水化合物在有氧条件下会分解成二氧化碳和水，在无氧条件下能分解成甲烷、有机酸和醇等，含氮化合物在有氧条件下能分解成硝酸盐类，无氧时可分解成氨、硫化物、二甲基巯醚和甲胺等。当这些气体进入大气后会有恶臭味，并刺激人和畜雏的呼吸道引起呼吸道疾病和猪只的生产力降低，同时也促进了温室效应和酸雨的形成。

处理措施：主要有控制饲养规模、优化饲料、规范管理等。

(1) 控制规模 合理控制养殖规模，养殖密度不易过大，过密。通过控制饲养密度、限制饮水、及时清粪等措施抑制或减少臭气的产生。

(2) 优化饲料 选用绿色饲料添加剂，加强低蛋白日粮、进行日粮设计，用饲料添加剂控制恶臭的产生。目前常用的绿色饲料添加剂主要为酶制剂、益生素和丝兰属植物提取物。酶制剂可将饲料中难以为单胃动物消化吸收的植酸盐降解为易消化吸收的正磷酸盐，这样就可以减少饲料中无机磷的添加量从而减少猪粪便中的磷污染。益生素能排斥和抑制大肠杆菌、沙门氏菌等病原微生物的生长繁殖，促进乳酸菌等有益微生物的生产，减少动物患病的机会，还能减少粪便中臭气的产生量。丝兰素植物提取物是植物提取天然制品。它具有两个生物活性成分，一个可以和氨结合，另一个可以和硫化氢、甲基吲哚等有毒有害气体结合，因而有控制养殖场地恶臭的作用，该物质还可与肠道内的微生物作用，帮助消化饲料，有资料显示，采用此类饲料添加剂后，可减少粪尿中40%～60%的氨排放量，从而减少场区恶臭的产生量。

(3) 规范管理 作好粪便的管理，畜禽舍内加强通风，可加速粪便的干燥，减少臭气的产生。对粪尿、沼液运送的管线进行密封。定期对敞开的恶臭污染源如粪便干化场等进行定期喷雾除臭。通风系统采用水帘式过滤通风系统，可以减少空气中悬浮颗粒物，在很大程度上消除空气中可携带臭气传播的载体，降低恶臭污染影响；在氧化塘内应设置表面曝水装置或种植水葫芦、水浮莲、水葱、芦苇等水生植物，避免发生厌氧反应而产生恶臭和硫化氢气体等。同时，废水管道和厌氧消化池出水口应安置在水面下，不可暴露在外面，以免造成臭气外扬。废水处理系统中厌氧池密封加盖。

94. 畜禽粪、尿排泄量受哪些因素的影响？

不同畜禽由于个体差异很大，它们的排粪量有很大差别，如成年牛每天排粪量在20～35千克，而蛋鸡的日排粪量仅为0.14～0.16千克。即使同一种畜禽，如果性别、年龄、体重、所处的生长阶段和饲喂的日粮性质等不同，动物的排粪量也会有差异。研究表明，羊的排粪量与采食量和体重呈显著正相关，同一品种公羊的排粪量大于母羊。

畜禽的排尿量受品种、年龄、生产类型、饲料、使役状况、季节和外界温度等因素的影响，任何因素变化都会使动物的排尿量发生变化。禽类尿量较少，成年鸡一昼夜排尿量60～180毫升，由于禽尿是在泄殖腔与粪便混合排出体外的，一般不单独计量。就同一个体而言，动物尿量的多少主要取决于所摄入的水量及由其他途径所排出的水量，当日粮中蛋白质或盐类含量高时，饮水量加大，同时尿量增多；外界温度高、活动量大的情况下，由肺或皮肤排出的水量增多，导致尿量减少；某些病理原因常可使尿量发生显著变化。

95. 粪污农田施用的最佳季节是什么时候？

粪污施用于农田后，如果不能及时被农作物吸收和利用，则其中的含氮养分可能转变成硝酸盐向地下渗漏，也可能脱氮而挥发。也就是说，如果粪污施用的时间不当，会有一些氮挥发或硝化造成氮源浪费，如果粪污在作物最需要时施用，则其中的养分可得到最有效的利用，损失也会减到最小。

冬季，尤其在冰雪覆盖和土壤冻结地区施用粪污，其中的肥料营养和细菌会长时间留在土壤表层，很容易被融化的雪水或春季雨水冲离土壤表面而进入临近水体，因此应避免冬季施肥。夏季，即使粪污可深施至0.46米以下，作物快速吸收也无法完全避免臭气，因此，夏季施用臭气较大。秋季，施用粪肥同样存在氨气挥发问题，而且硝酸盐向地表水渗漏的风险较大。春季，在作物种植之前施用或者在土壤排干后施肥，植物吸收的养分量最大，环境污染最小。由于我国南北气温差别较大，春季种植作物的时间也稍有差别，各地应根据当地具体农时确定粪污施肥时间范围（雨天和土壤太湿的日子除外），以确保在作物种植之前完成粪污施用。

96. 如何确定合适的粪污农田施用量？

施用量对粪污的农田利用非常重要：施用不足，可能导致农作物减产；施用过多，又可能导致环境污染。合适的粪污农田施用量的确定，可参照我国广泛使用的“测土配方施肥”方法，具体分三步进行：

(1) 估算作物的养分需要量（以氮为标准） 作物养分需要量是以实际的产量为基础，计算一年作物生产的养分需要量。因此对实际产量的估算很重要。实际产量可根据历史产量资料、土壤有关信息估算，也可根据种植者保存的往年记录或者前人的记录进行估算。目前多数以氮为标准进行估算，即：作物的氮需要量（千克）=农作物的氮含量（千克/吨）×作物产量（吨/公顷）×作物面积（公顷）。

(2) 确定粪污中氮养分含量 粪污中氮养分含量（千克/米^3）既可进行现场测定，同一养殖场也可参照往年的测定数据。

(3) 确定粪污的施用量 首先计算每年粪污的体积：动物数量×每日粪污体积×365＝年粪污总体积（米^3）；然后计算粪污中氮养分总量：年粪污总体积×粪污中氮养分含量（千克/米^3）＝氮养分总量（千克）。

如果粪污的氮养分总量（千克）≤作物的氮需要量（千克），则可以全部施用；如果粪污的氮养分总量（千克）＞作物的氮需要量（千克），则根据以上步骤（1）和（2）计算出来的数据进行计算：粪污施用量（米^3）＝作物的氮需要量（千克）÷粪污中氮养分含量（千克/米^3），以确定粪污施用体积。

97. 如何生产有机肥？

由于畜禽粪便种类不同，制作有机肥的方法也有差异。下面介绍一种适用于大部分畜禽粪便制作有机肥的方法。制作有机肥的各种原料的质量百分数为：活性污泥5%～10%、畜禽粪便80%～90%、草木灰有机质5%～10%。按比例混合后，在自然条件下进行渥堆发酵，再进行粉碎、筛选制成有机肥。该方法生产有机肥，原料来源丰富、生产流程简单、成本低，市场竞争力强；能把禽畜粪便、有机质污泥无害化及减量化处理，实现有机质的高效利用、循环利用与资源化再利用；可提高农作物产量和品质，改良土壤及提高土壤肥力，对环境保护有显著作用。

工艺流程为：①原料预处理。在自然条件下，对活性污泥、禽畜粪便及草木灰有机质污泥按设计配比配料及预混，利用机械脱出多余的水分，将湿度调节至50%～70%。②渥堆发酵。渥堆高度0.8～1.3米，堆料应松散，堆好后用农膜覆盖，以利于发酵；堆温达到65～70℃翻堆一次，发酵5～7天。③后熟发酵。将发酵物料堆成高度1.5～3米，后熟发酵20～30天。④后熟发酵完成后进行粉碎、筛选即可制成有机肥。⑤定量包装产品。产品技术指标要求符合中华人民共和国农业行业标准《有机肥料》NY 525—2011。

第七部分 养殖场经营管理与产品定位

YANGZHICHANG JINGYING GUANLI YU CHANPIN DINGWEI

98. 养殖企业有哪些经营管理的形式？

（1）租赁经营　由养殖场职工、其他单位、个人或合伙向养殖场租赁养殖场地，从事养殖生产开发。租赁时间一般5～10年，租赁者每年向养殖场缴纳租赁费。租赁费有等额缴纳法、年度递增法等不同的形式。等额缴纳法是指在租赁期间，每年缴纳的租赁费是均等的；年度递增法是指在租赁期间，缴纳的租赁费按年度呈一定比例递增，如果租赁期限较长，租赁费递增到一定程度后便维持在一定的水平不再增加。租赁经营必须服从养殖场的统一调度，不得发展对环境造成较大污染的养殖项目。除此之外，如何安排养殖业的生产计划，如何进行养殖场地的管护等，则由租赁经营者自主决定。这种经营方式操作简单，责任明确，养殖场省心省力，也不承担养殖业经营风险，但是养殖场的经营收益相对较少。

（2）承包经营　这是从传统的企业经营管理沿袭下来的一种方式，其核心内容未变，但为适应新的形势，在承包形式上进行了一些完善。这种方式一般是由养殖场职工与养殖场签订承包合同。在服从养殖场对养殖资源的统一调度下，承包者可自主安排畜牧渔业生产。承包期限一般较租赁经营短，合同内容相对灵活，有时可根据情况作适当调整。这种方式一般是在承包合同中规定收益基数，定额上交，超额按比例分成，养殖业生产收支状况接受养殖场的检查监督。在现阶段，通过不断改革创新，承包经营被赋予了许多新的内容，仍然具有一定的生命力。但总体来说，这种经营形式存在许多自身难以克服的缺点，不利于全面调动各方面的积极因素。作为承包者，不可避免地对养殖场存在着依赖思想；作为养殖场，也有对生产进行干预的现象，有时这种干预会产生一些消极的影响。

（3）股份经营　养殖企业作为一方，以养殖场地和负责养殖场的管理作为股份，其他单位或个人作为另一方，以资金或技术作为股份，合作经营开发养殖业生产。合作各方共同签订协议，协议中明确合作时限、明确各方的权力、义务和责任以及收益分配原则和方式等，规范和约束各方的行为。采取这种股份经营的形式，可以实现优势互补。在现实中，有些养殖场为了弥补养殖业生产资金投入的不足，充分调动职工参与养殖业生产的积极性，也尝试采用这种股份经营的形式。即养殖场以生产资源作为股份，然后再吸收职工投入的生产资金作为股份。养殖场组织成立专门的生产管理机构，负责养殖场的计划、生产和养殖场地的管护，生产管理人员一般都有股份，因此，他们参与生产、管理和监督的积极性大为提高，可以有效地提高养殖业生产的效益。这种股份经营实际上是一种比较原始的、不规范的公司制经营方式。但在现阶段，这种方式有利于调动各方面的积极性，发挥各自的优势。股份经营已受到越来越多的关注和重视，已有越来越多的养殖场采用这种经营方式，并在实际运用中不断完善和发展，显示出其较强的生命力。

（4）公司制经营　由养殖场、职工及其他单位或个人共同投入资本金，按有限责任公司的规定，到工商部门登记注册，设立以养殖业开发为主要经营范围的有限责任公司，这是一种规范的公司制形式。关于养殖场地及其他资源，可以通过协商作为资本投入，也可以通过向养殖场缴纳使用费的方式取得养殖场地的开发使用权。这种有限责任公司的形式管理科学、规范、权责明晰，代表了未来的养殖业经营管理发展方向。但在目前，由于养殖生产的特殊性和生产方式的局限性，很多养殖企业生产规模较小，经营管理比较粗放，也比较落后，加之这种经营形式具体操作相对麻烦，因此，采用这种方式进行养殖业经营的养殖场还很少。对于养殖资源条件好、养殖规模较大、发展前景较好的养殖场，应当积极鼓励采用规范的公司制经营管理方式，这是养殖场走向现代化、标准化生产的重要标志。

（5）家庭农场 一个起源于欧美的舶来名词；在中国，它类似于种养大户的升级版。通常定义为：以家庭成员为主要劳动力，从事农业规模化、集约化、商品化生产经营，并以农业收入为家庭主要收入来源的新型农业经营主体。家庭农场是指以家庭成员为主要劳动力，从事农业规模化、集约化、商品化生产经营，并以农业收入为家庭主要收入来源的新型农业经营主体。党的十七届三中全会报告第一次将家庭农场作为农业规模经营主体形式之一提出。随后，2013 年中央 1 号文件再次提到家庭农场，鼓励和支持承包土地向专业大户、家庭农场、农民合作社流转。2013 年中央 1 号文件提出，坚持依法自愿有偿的原则，引导农村土地承包经营权有序流转，鼓励和支持承包土地向专业大户、家庭农场、农民合作社流转，发展多种形式的适度规模经营。家庭农场的出现促进了农业经济的发展，推动了农业商品化的进程，有效地缩小城乡贫富差距。家庭农场以追求效益最大化为目标，使农业由保障功能向盈利功能转变，克服了自给自足的小农经济弊端，商品化程度高，能为社会提供更多、更丰富的农产品。家庭农场比一般的农户更注重农产品质量安全，更易于政府监管。

99. 畜牧业生产中小农户组织化形式有哪些？

畜牧业产业化经营表现为多种形式的合作和多种方式的联合，实行产供销、贸工农一体化经营，较好地解决了小农经营与社会化大市场的矛盾。同时，畜牧业产业化经营依照农村发展经济的要求，提高了农民的组织化程度，从而较好地帮助小农户克服了自然风险和市场风险。畜牧业产业化的主要形式有以下几种：

（1）市场联结组织模式 在这种组织模式中，农户与企业之间主要通过市场关系进行联系。农户生产的商品由企业按照市场价格随行就市进行收购，然后进入分级、加工、包装、储运、销售等流通环节。大型肉禽加工企业一般也为农户提供信息服务、良种引进、技术指导以及赊销、代销等其他服务。这种“组织”模式帮助农户克服了进入市场的不少障碍，农户则可以基本稳定的专门从事养禽生产，不用花太多精力去市场采购生产资料、销售产品。不过由于农户与企业的联结较为松散，企业与农户的经济关系主要是生产原料的买断关系，企业加工、销售后所得利润与提供原料的农户无关，农户没有分享到后续产品加工等环节的增值，而且企业受市场的波动将直接传递到小农户；企业与农户除了纯粹的市场交换关系外，对农户的约束和带动作用都比较小，外部政策或市场的变化使企业难以获得数量、质量、规格等稳定的产品。

（2）契约连接组织模式 这种组织模式是指小农户与企业通过契约结成较紧密的生产经营体系。在利益联结机制上依靠合同、协议等契约联结彼此的关系，比单纯的市场关系更为紧密一些，较之于“市场联接模式”，这种模式中的农户与企业的利益已牢固地联结在一起。养殖户生产什么、生产多少、何时出售、产品卖给谁、价格怎样等，都按契约进行，而不是盲目进行。企业应该提供什么服务、收购多少产品、如何返还利润等也都是要按契约兑现的，不可以随便毁约。在激烈的市场竞争中容易做到同舟共济，遵循了“利益共享、风险共担”的规则，而不仅仅是简单的买断关系。但是，由于小农户限于市场、法制等意识差，以及小农意识强等，时常出现违约问题；另一方面，企业在组织化程度、市场意识、掌握信息量等方面与小农户并不对等，处于明显的优势和支配地位，农户处于劣势地位，有的地方，即使企业给农户让利，也不是让农民完全平等的分享利润，相反，不少企业在市场变化后产生履约困难时，往往向农户转嫁风险，减少自身损失。

(3) 联合与合作组织模式 这种模式包含了以合作社为主体的各种类型的产业化组织，具体的合作社类型有：农业生资供应合作社、农产品销售合作社、综合服务合作社、牧工商一体化合作社等。参与合作的主体有：农户、供销社、畜牧业部门、畜产品加工企业、畜牧业科研院校（所）、农村信用社、合作基金会等。在这种模式中，农户通过与合作社、与企业之间联合，依托各种类型的合作社进行生产、加工、销售，是产业一体化经营的各个环节都有农户自己在参与，各环节增值利润基本保留在农户手中。由于合作社类型多样、参与主体众多，因此，这种模式的产业化组织创新也更加丰富多样，基本有这样两种形式：一是以专业合作经济组织为依托，拓展多种形式的服务，吸纳入社农户发展简单的一体化联合与合作组织。基本做法是，围绕畜牧产业，先发展各种形式的合作经济组织，再由合作经济组织直接创办初步的加工、储运企业，形成“合作经济组织＋农户”的一体化组织形式；二是农户依靠合作社有组织的与其他公司、企业联结，形成“农户＋合作社＋龙头企业”的一体化组织。

100. 养殖场的安全管理应注意哪些事项?

(1) 人员安全 首先是用电安全和取暖安全，避免触电和煤气中毒，配备漏电保护器、绝缘手套和绝缘靴；其次是在日常生产操作中避免受到设施设备的伤害；再次生活安全，不吃变质的食物、不吃有药残的蔬菜（大多数养殖场都有足够的空闲地可以种植蔬菜自给自足）、不吃烹调不熟的食物（扁豆、芸豆等），炊事员必须经过卫生部门的体检才能上岗。

(2) 设备安全 发电机的维护与保养，水线、料线及其附属设施的正确使用，暖风炉的正确使用和保养，湿帘水泵和变频水泵的正确使用与保养。

(3) 生产安全 防火，不能在养殖场附近堆积柴草、防止线路老化、防止暖风炉漏烟漏火等；防盗，管理好物资、锁好门、关好窗、维护好篱笆，防止失盗发生；防风，固定好场地顶部的保温材料、防水材料，避免大风掀顶；防应激，养殖期间杜绝一切来自外界的应激，以免引起动物群抵抗力下降而导致发病；养殖期间避免外界畜禽类产品等进入养殖场。

（4）产品安全 主要是按照屠宰厂或出口商的要求严格控制药物残留。

101. 我国畜产品有哪些认证？

（1）无公害畜产品 归属无公害食品，指的是无污染、无毒害、安全优质的食品，在国外称无污染食品、生态食品、自然食品。在我国，无公害食品生产地环境清洁，按规定的技术操作规程生产，将有害物质控制在规定的标准内，并通过部门授权审定批准，可以使用无公害食品标志的食品。

（2）绿色畜产品 归属绿色食品，是指遵循可持续发展的原则，按照特定方式生产的，经专门机构认定、许可使用绿色食品标志的无污染的安全、优质、营养的食品，为了突出这类食品出自最佳的生态环境，因此冠以“绿色”。绿色食品的特点是：产品出自良好的生态环境、对产品实行全程质量控制。绿色食品标准分为两个技术等级，即 AA 级绿色食品标准和 A 级绿色食品标准。AA 级完全符合国际有机农业运动联盟（IFOAM）标准，而 A 级标准符合发达国家的先进水平。

（3）有机畜产品 归属有机农产品，是指根据有机农业原则，按照国际有机食品标准要求，生产过程绝对禁止使用人工合成的农药、化肥、色素等化学物质并采用对环境无害的方式生产、销售过程受专业认证机构全程监控，通过独立认证机构认证并颁发证书，销售总量受控制的一类真正纯天然、高品位、高质量的环保型安全食品。

102. 如何生产绿色畜产品?

(1) 绿色畜产品的生产 绿色畜产品除符合一般食品的营养卫生标准外,还应具备无污染、安全、优质的特征,在生产加工及包装储运过程中都必须符合严格的质量和卫生标准。具体标准有:①动物产品必须符合《GB 2707 猪肉卫生标准》《GB 2708 牛肉、羊肉、兔肉卫生标准》《GB 2710 鲜(冻)禽肉卫生标准》,并不得检出如下病原体:大肠杆菌 0157、李氏杆菌、布鲁氏菌、肉毒梭菌、炭疽杆菌、囊虫、结核分枝杆菌、旋毛虫。②动物产品农药、兽药残留必须符合《绿色食品农药使用规则》和《绿色食品兽药使用规则》的要求。③动物产品重金属残留必须符合国家食品卫生标准。

绿色食品的生产必须同时符合如下条件:①产品或产品原料产地必须符合绿色食品生态环境质量标准,即养殖场使用的饲料应是绿色类饲料。养殖场周围环境质量好,水源、土壤、大气无污染。养殖用水符合 GB 11607、畜禽饮用水符合 GB 3838、加工用水符合 GB 5749、大气环境质量符合 GB 3095 的一级标准。②畜禽饲养必须符合绿色食品产品操作规程,药物、饲料添加剂使用必须符合绿色食品的兽药使用准则和绿色食品的添加剂使用准则。③产品必须符合绿色食品产品标准。冠以绿色食品的是最终产品,必须由中国绿色食品发展中心指定的食品检测部门依据绿色食品标准检测是否合格。④产品包装、贮运必须符合绿色食品包装、贮运标准。

(2) 绿色畜产品认证程序 具有绿色食品生产条件的单位和个人都可申请使用绿色食品标志。申请绿色标志的单位或个人应符合的条件:①生产的产品在绿色食品范围内,如肉、家禽、水产品、奶及奶制品、食用油脂等。②严格按绿色食品生产操作规程生产,确保产品质量符合要求。③企业具有一定规模。④具有稳定可靠的生产基地。

其认证程序如下：①申报申请人到中国绿色食品发展中心或所在省或区、市绿色食品办公室领取申请表及有关资料，按要求认真填写。将填写好的绿色食品标志使用申请书、企业及生产情况调查表和企业生产操作规程、生产标准、产品注册商标文本复印件及省级以上质量检测部门出具的当年产品质量检测报告一起上报。②初审由各省或区、市绿色食品办公室派专人赴申请企业及其原料产地检查，核实其产品生产过程的质量控制状况，写出正式报告；由各省域区、市绿色食品办公室委托通过省级以上计量认证的一家环境检测单位对产地环境质量进行评价。各省或区、市绿色食品办公室对正式报告和评价材料进行初审，然后报送中国绿色食品发展中心审核。③审核中国绿色食品发展中心审核申请材料通过后，合格企业接受指定的绿色食品检测中心对其所进行质量和卫生检测。审核企业上报的带有绿色食品标志的包装方案，中国绿色食品发展中心审核合格后，与申报企业签订《绿色食品标志使用协议书》，然后向企业颁发绿色食品标志使用证书，并通告社会。

绿色食品证书有效期 3 年，在此期间，企业必须履行绿色食品标志使用协议，并接受中国绿色食品发展中心委托的检测机构对其产品的抽检。期满若想继续使用，要在期满前半年重新办理申请手续。

103. 如何生产有机畜产品？

（1）一般原则 有机畜禽生产的目标是对养殖全过程的科学管理，充分利用动物自身的生存能力和遗传优势，避免应激，逐步减少药物和部分化学物质的使用，保护动物的健康和福利，提高畜禽产品质量，保持良好的生态平衡。①养殖环境不得存在有害气体、水体和土壤的污染，不使用化学合成的防虫、防啮齿类动物的药物和除草剂。②充分考虑动物的心理和行为特征，采用自然的饲养方式。根据动物的种类提供必要的采食场地和休息条件。③在充分考虑动物生活习性的基础上，可以建设适当的圈舍，以防止过度日照、极端温度、风、雨和雪等对动物的不利影响。④圈舍设施应使用无害材料，并根据当地饲料的生产能力、畜禽的行为特点和健康状况、营养平衡状况和环境影响综合确定畜禽的养殖规模和密度，使其保持在适宜水平上。⑤充分利用动物的遗传优势，选育和引入健康的动物。⑥提供高质量的饲料，其营养成分应满足动物生长、生产、生存和抵抗病虫害的生理需要，禁止在饲料中添加药物并减少化学合成物质的使用。⑦科学管理，避免药物和有害物质在畜禽产品中的残留。⑧合理处理养殖废物，杜绝环境污染和疫病的传播。⑨提倡动物福利，科学屠宰，保持畜禽产品的自然风味。

（2）转换期 在开始建立有机畜禽生产系统时，需要一个缓冲时间，即转换期。对于放牧家畜，只有在放牧草场转换至少12个月且已满足畜牧生产标准一定时间后，该牧场生产的畜产品才能按“有机农产品”出售。认证机构应根据有机农业生产原则和具体动物的特点，制定畜牧生产转化期的长度。肉牛的转换期为12个月，奶牛、猪、羊为6个月，肉用家禽为10周，产蛋家禽为6周。

（3）动物的选育和引入 选择饲养动物品种时，必须考虑到品种对当地环境和饲养条件的适应性和品种本身的生活力和抗病力，优先选择本地品种。不允许使用经胚胎移植或转基因生物技术（GMO）改造得到的动物。畜禽应在有机农场繁育，并从出生后就按本题准则（5）“畜禽饲养与管理”的要求进行饲养。畜禽不能在有机和非有机生产单元之间相互转移。

当有机畜群第一次形成时，允许购入：蛋鸡（19周龄以内）；肉鸡（在出壳一天内）；小猪（从断奶起且小于25千克）；犊牛（7日龄以内且吃过初乳）；母羊（45日以内龄）。在无法得到足够的来自有机农场的动物时，经认证机构许可，在以下特殊情况下，可以从非有机农场购入畜禽：①不可预见的严重自然灾害或事故。②农场规模大幅度扩大。③农场建立新的畜禽养殖项目。④小型农场。但从非有机农场引入的动物数量每年不能超过农场同类成年动物的10%。种畜禽可以从非有机牧场引入，但如果种畜禽的第一后代将作为有机畜禽饲养，则种畜应在不晚于怀孕期的最后1/3时间内进行有机管理，种禽则允许从出雏时开始。

（4）饲料与饲料添加剂 有机畜禽的饲料至少80%来源于已认定的有机农产品及其副产品，其余饲料可以是达到有机农产品标准的产品。有机饲料原料组成中至少50%应来自有机农场内部或从本地区其他有机农场引入。

禁止使用以下饲料和饲料添加剂：①未经农业农村部批准的任何饲料和饲料添加剂。②经农业农村部批准使用的饲料添加剂品种中的化学防腐剂、化学合成着色剂和非蛋白氮。③任何药物饲料添加剂。④哺乳动物的躯体或部分躯体制成的饲料不得饲喂反刍动物。⑤某种动物的躯体或部分躯体制成的饲料不得饲喂同种动物（鱼类除外）。⑥工业合成的油脂。⑦动物副产品（如肉骨粉、羽毛粉等）或粪便。⑧用溶剂（如己烷）浸提的饲料原料。⑨化学合成的氨基酸。⑩无生产许可证的生产商生产的，或无批准文号的饲料、饲料添加剂和预混料。

矿物质或维生素只有来自于天然的条件下才能使用。如果在这些物质发生短缺的特殊情况下，化学提纯的有类似效果的矿物质和维生素也允许使用，但必须是中华人民共和国农业农村部批准的品种，并经政府专门机构严格检验认定和获正式注册。

哺乳动物的幼畜补充喂养的乳制品应是有机产品，而且要来源于同种类动物。在特殊情况下，允许使用来源于非有机农场系统不含抗生素或人工合成添加剂的乳制品或代用乳。给予动物饲料的剂型和方式，必须充分考虑动物的消化道结构特点和特殊生理需要，给予哺乳动物的幼畜以充足的母乳，并根据动物的种类确定使用母乳喂养哺乳动物幼畜的最短时间：牛（包括水牛）3个月，羊45天，猪40天，兔30天；以干物质为基础，草食动物饲粮中必须具有60%以上的粗饲料、鲜草、干草或（和）青贮饲料。充分满足猪和家禽对谷物饲料和纤维饲料的需要。允许使用糖蜜作为幼龄动物的调味剂。

青贮饲料添加剂不能来源于转基因生物或其派生的产品，但可以使用海盐、酵母、丙酸菌、酶、乳清、糖、糖蜜、蜂蜜、甜菜渣、谷物。当气候条件不允许进行青贮发酵和得到认证机构许可的条件下，允许使用化学合成的乳酸、甲酸、乙酸、丙酸或其他天然有机酸产品作为青贮饲料添加剂。

（5）畜禽饲养与管理　圈舍和自由放牧区必须能保证畜禽按其物种本身特有的行为方式生活，要求具体有：足够的自由活动空间；足够的新鲜空气和自然光照；足够的栖息场所和设施；足够的防雨、防风、防阳光直射和防极端温度的措施；避免使用具有潜在毒性的建筑材料。

畜禽舍的地面要求平坦，有足够大的面积，要舒适、清洁、干燥，而不能打滑，整个地面至少一半为坚硬的实质结构，而不是板条或格栅结构。家禽的圈舍应当是坚固的建筑物，地面要铺以垫料。还应具备与群体规模相适应的栖木，并有足够大的出入口。

畜禽在圈舍内应保持适宜的密度，决定畜禽适宜密度的原则是：①畜禽在圈舍内具有舒适感，应当考虑畜禽品种、年龄的差异繁育和哺乳的需要。②应当考虑到畜禽行为需求、畜群规模和性别比例。③应当确保畜禽有足够的空间用于自然站立、轻松躺卧、转身、梳理被毛、拍翅等自主活动。

应控制在牧场、草地或在自然或半自然栖息地上放养的密度，以防止土壤植被畜禽过度践踏和过度放牧。只要动物的生理条件、气候条件以及地面状态允许，所有哺乳动物都必须去牧场或户外自由运动。但对处于育肥最后阶段的肥育动物和在严寒冬季的种公畜及产奶牛来说，可以免除户外运动。

群养动物不允许单独饲养，但经认证机构认可，种公畜、小规模饲养和患病动物以及即将分娩的母畜可以作为例外。

只要条件许可，草食动物必须放牧，也允许动物有短于其整个生长期 1/5 的舍饲期，且最长不超过 3 个月。

只要气候条件允许，家禽必须进行户外活动，并且累计时间达其生命周期的 1/3。这些户外活动必须在有保护设施和有植被覆盖的地方进行，并且要备有足够数量的水槽和饲槽。

水禽必须能够接触到溪流、水池或湖泊等水面。除怀孕的最后阶段和哺乳阶段，母猪必须群养。仔猪不得在平网或笼中饲养，运动场必须允许排便和躺卧。

严禁给饲养动物采用去喙、拔牙、去角、断尾、冷（热）烙号、强制脱毛和换羽等造成动物肢体残缺的措施。允许对动物进行物理性阉割，但这样的操作必须由专业人员完成，并且尽可能减轻畜禽的损伤和痛苦，必要时允许使用麻醉剂。

蛋鸡应以人工方式补充自然光线的不足，以保持每天有 16 小时的光照。

为了保证动物的健康，在每一批动物上市后，圈舍必须清空，对圈舍及其设施进行清洁消毒，并闲置运动场以恢复植被。

所有畜禽粪便储存、处理设施，包括堆肥场等，在设计、施工、操作和利用时，都要避免引起地下及地表水的污染。

粪便总量以其作为肥料时不超过每年每公顷土地 170 千克氮为度。必要时，应减小畜禽密度以免超过上述标准。

(6) 繁殖 应该优先采用自然方法进行有机饲养畜禽的繁殖，但允许人工授精。不允许进行激素发情处理和不必要的人工助产。

(7) 防病治病 在有机畜禽生产中，疾病的预防应基于下列原则：①选择适宜当地条件和抗病能力强的畜禽品种或品系；

②根据每种畜禽品种的要求进行适当管理，以增强畜禽抗病和预防传染的能力；③高质量的饲料供给，结合有规律的运动和放牧，有益于提高畜禽自身免疫力；④保持合理的饲养密度，避免过度放牧和任何影响畜禽健康的问题出现。

在明确畜禽养殖场所处地区流行病学规律且病患不能用其他管理技术加以控制的前提下，才考虑使用疫苗接种。允许使用的疫苗应符合《中华人民共和国动物防疫法》及其配套法规的要求。不能使用由 GMO 方法生产的活病毒疫苗。

一旦畜禽生病或受伤，应立即隔离和治疗。

应优先选择生物治疗方法和物理性治疗方法，然后才是药物治疗。药物治疗时，需经兽医确诊和认证机构许可。

(8) 运输和屠宰

运输　在整个运输过程中，押车人要善待动物，不得使用任何电驱赶辅助设备。在运输前，应对运输车辆彻底清洗。运输中要保证车内良好的通风和卫生环境，并根据气候条件和运程长短给动物喂食喂水。在运输前或运输过程中，不得使用化学合成镇静剂或兴奋剂。运输时间超过 7 小时的动物不能立刻屠宰，需暂养 24 小时以上。

屠宰　必须以人道的方式进行屠宰并尽量照顾和关注动物的福利，减轻压力并遵守相关法律。畜禽在屠宰前应接受检验和检查，合格的畜禽必须在定点屠宰场屠宰。禁止动物与处于宰杀过程的动物有感官的接触（目视、耳听、嗅觉等）。在屠宰及其准备期间，必须使畜禽遭受的痛苦降低到最低限度。屠宰前必须先将动物击昏使其失去知觉。致昏至开始放血致死的时间应尽量缩短。

图书在版编目（CIP）数据

乡村振兴战略·畜牧业兴旺 / 付彤，田亚东主编.—北京：中国农业出版社，2018.10（2019.11 重印）

（乡村振兴知识百问系列丛书）

ISBN 978-7-109-24653-9

Ⅰ.①乡… Ⅱ.①付… Ⅲ.①畜牧业-农业技术 Ⅳ.①S

中国版本图书馆 CIP 数据核字（2018）第 221898 号

中国农业出版社出版

（北京市朝阳区麦子店街 18 号楼）

（邮政编码 100125）

责任编辑 郭银巧

北京万友印刷有限公司印刷 新华书店北京发行所发行

2018 年 10 月第 1 版 2019 年 11 月北京第 2 次印刷

开本：850mm×1168mm 1/32 印张：5.75

字数：150 千字

定价：24.80 元